第二次青藏高原综合科学考察研究专项（2019QZKK0105—06、2019QZKK020809）资助

西藏气候变化监测公报
（2021年）

Tibet Climate Change Monitoring Bulletin

主　编：边　多

副主编：德吉央宗　卓　玛　扎西央宗　黄晓清　马鹏飞

U0332173

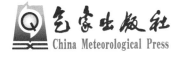

气象出版社

China Meteorological Press

内 容 简 介

为更好地总结西藏自治区气候变化监测最新成果,积极应对和适应区域显著增暖和极端天气气候变化事件,西藏自治区气候中心编写了《西藏气候变化监测公报(2021 年)》。该公报共分 5 章,分别从大气圈(气温、降水、极端气候事件指数、天气现象)、冰雪圈(冰川、积雪、冻土)和陆面生态(地表温度、湖泊、植被、生态气候)等方面揭示了 20 世纪中叶以来西藏自治区气候变化的科学事实,可为政府有效制定气候变化政策、提升气候变化业务能力、开展应对气候变化宣传提供科学依据。

本公报可供各级政府部门决策时参阅,也可供气象、生态环境、农牧业、林业、水利、自然资源等部门从事气候和气候变化相关学科的专业技术人员和管理人员参考。

图书在版编目（ＣＩＰ）数据

西藏气候变化监测公报. 2021年 ／ 边多主编. -- 北京 ：气象出版社, 2023.2
ISBN 978-7-5029-7890-7

Ⅰ．①西… Ⅱ．①边… Ⅲ．①气候变化－监测－西藏－2021－年报 Ⅳ．①P467

中国国家版本馆CIP数据核字(2023)第022885号

审图号：藏 S(2023)001 号

西藏气候变化监测公报(2021 年)
Xizang Qihou Bianhua Jiance Gongbao (2021 Nian)

出版发行：气象出版社
地　　址：北京市海淀区中关村南大街 46 号　　　　　邮政编码：100081
电　　话：010-68407112(总编室)　010-68408042(发行部)
网　　址：http://www.qxcbs.com　　　　　E-mail：qxcbs@cma.gov.cn
责任编辑：陈　红　　　　　　　　　　　　终　审：张　斌
责任校对：张硕杰　　　　　　　　　　　　责任技编：赵相宁
封面设计：地大彩印设计中心
印　　刷：北京建宏印刷有限公司
开　　本：787 mm×1092 mm　1/16　　　　印　张：7.5
字　　数：192 千字
版　　次：2023 年 2 月第 1 版　　　　　　印　次：2023 年 2 月第 1 次印刷
定　　价：75.00 元

《西藏气候变化监测公报(2021年)》
编委会

主　　编：边　多

副 主 编：德吉央宗　卓　玛　扎西央宗　黄晓清　马鹏飞

成　　员（按姓氏拼音排序）：

参编单位

西藏自治区气候中心

西藏自治区遥感应用研究中心

高分辨率对地观测系统西藏数据与应用中心

前　言

　　气候是自然生态系统的重要组成部分,是人类赖以生存和发展的基础条件,也是经济社会可持续发展的重要资源。近百年来,受人类活动和自然因素的共同影响,全球正经历着以气候变暖为显著特征的变化。气候变化导致灾害性极端天气气候事件频发,积雪、冰川和冻土融化加速,水资源分布失衡,生物多样性受到威胁;受海洋热膨胀和冰川冰盖消融影响,全球海平面持续上升,海岸带和沿海地区遭受更为严重的洪涝、风暴等自然灾害,低海拔岛屿和沿海低洼地带甚至面临被淹没的威胁。气候变化对全球自然生态系统和经济社会都产生了广泛影响。

　　青藏高原是气候变化的敏感区、生态环境的脆弱区,全球气候变化对青藏高原的影响日益显著,对西藏的自然生态环境和经济社会可持续发展的潜在影响日益加大。青藏高原又是影响我国中东部天气系统的上游地区,主要灾害性天气的策源地。因此,研究和分析青藏高原天气气候、气候变化及其影响,对科学应对气候变化、有效防御气象灾害意义重大而深远。

　　西藏自然资源丰富,但生态环境脆弱。气候的微小波动往往会引起环境的重大变化。要实现经济社会可持续发展,研究气候的重要性不言而喻。特别是近 60 年来,西藏气候的变化不仅导致了区域内各种气象灾害的频发和加剧,而且导致雪线上升、冰川退缩、冰湖溃决、冻土消融、病虫害加剧等,对区域的经济社会可持续发展构成严重威胁,影响了作为国家生态安全屏障的功能。

　　2011 年以来,西藏自治区气象局连续 11 年发布年度《西藏气候变化监测公报》,2021 年发布的监测公报,给出了中国和全球气候变化状态的最新监测信息,揭示了西藏 1961—2021 年大气圈(气温、降水、极端气候事件指数、天气现象)、冰雪圈(冰川、积雪、冻土)和陆地生态(地表温度、湖泊、植被、生态气候)等方面的基本科学事实。

　　该公报得到了第二次青藏高原综合科学考察研究专项(2019QZKK0105-06、2019QZKK020809)和 2021 年度中央引导地方科技发展资金第一批项目"基于融雪过程的西藏雪灾时空动态定量预警技术"(XZ202102YD0012C)的资助。

　　本书在编写出版过程中,得到了西藏自治区气象局各位领导的关心,国家气候中心、西藏自治区气象信息网络中心提供了大量的气候系统观测资料和基础数据,西藏高原大气环境科学研究所拉巴卓玛对公报中的杰马央宗等冰川数据进行了分析,在此一并对编写《西藏气候变化监测公报(2021年)》付出辛勤劳动的科技工作者及西藏自治区党委宣传部益西旦增为本书提供封面照片表示诚挚的感谢!

编者

2022 年 6 月

编写说明

一、数据来源和其他背景

1. 本公报中中国和全球气候变化数据引自中国气象局气候变化中心发布的《中国气候变化蓝皮书2022》。

2. 本公报中所用西藏数据均来自西藏自治区气象信息网络中心。

3. 本公报常年值是指1981—2010年气候基准期的常年平均值。凡是使用其他平均期的值,则用"平均值"一词,全球温度距平是相对于1961—1990年的平均值。

4. 本公报计算极端气候事件指数采用1981—2010年为基准期。

5. 本公报中1961—2021年西藏地表年平均气温、年降水量和年日照时数等气象要素,是指西藏18个气象站(附图)年平均气温、年降水量和年日照时数等气象要素的平均值。

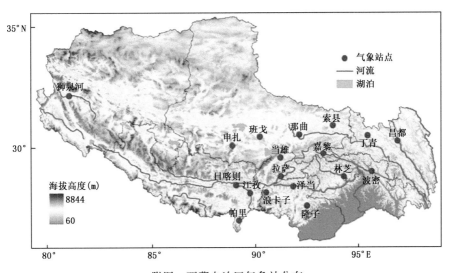

附图　西藏自治区气象站分布

二、术语表

全球地表平均温度:指与人类生活的生物圈关系密切的平均地球表面的温度,通常是基于按面积加权的海洋表面温度(SST)和距陆地表面高度1.5 m处的气温的全球平均值。

陆地表面平均气温:某一段时间内,陆地表面气象观测规定高度(1.5 m)上的空气温度值的面积加权平均值。

地表温度:某一段时间内,陆地表面与空气交界处的温度。

西藏地表平均气温:某一段时间内,西藏自治区18个气象站,地面气象观测规定高度(1.5 m)上的空气温度值的平均值。

西藏平均年降水量:西藏自治区18个站一年降水量总和的平均值。

西藏平均年降水日数:西藏自治区18个站一年中降水量≥0.1 mm日数的平均值。

活动积温:植物在整个年生长期中高于生物学最低温度之和,即大于某一临界温度值的日平均气温的总和。

霜冻日数:每年日最低气温低于0℃的天数。

结冰日数:每年日最高气温低于0℃的天数。

生长季长度:每年日平均气温高于5℃的天数。

暖昼日数:日最高气温大于历史同期第90%分位值的日数。

冷昼日数:日最高气温小于历史同期第10%分位值的日数。

暖夜日数:日最低气温大于历史同期第90%分位值的日数。

冷夜日数:日最低气温小于历史同期第10%分位值的日数。

日最大降水量:每年最大的1日降水量。

连续5日最大降水量:每年连续5日的最大降水量。

降水强度:日降水量≥1.0 mm的总降水量与降水日数的比值。

中雨日数:日降水量≥10 mm的日数。

大雨日数:日降水量≥20 mm的日数。

强降水量:日降水量大于基准期内第95%分位值的总降水量。

极强降水量:日降水量大于基准期内第99%分位值的总降水量。

连续干旱日数:日降水量<1.0 mm的最大连续日数。

连续湿润日:日降水量≥1.0 mm的最大连续日数。

霜:近地气层的温度降到0℃以下水汽凝华的一种现象,一天中凡出现白霜现象时统计为一个霜日。

冰雹:一天中凡出现冰雹天气现象时统计为一个冰雹日。

大风日数:凡出现瞬时风速达到或超过17.2 m/s的当天统计为一个大风日。

雷暴:气象观测站在一天内听到雷声则记录当地为一个雷暴日。

沙尘暴:一天中凡出现能见度<1 km沙尘暴天气现象时统计为一个沙尘暴日。

最大冻土层深度:冻土层深度指地面以下最深的冻土层到地面的距离。最大冻土层深度指某段时间内冻土层深度达到的最大值。

粒雪线:冰川表层大面积粒雪的下限,大体上构成冰面上冰雪积累区和消融区之间的界限。

归一化差值植被指数(NDVI):主要应用于检测植被生长状况、植被覆盖度等,是近红外、红光两个波段的反射率之差除以二者之和。

植被覆盖度:植被(包括叶、茎、枝)在地面的垂直投影面积占统计区总面积的百分比,其为衡量生态绿化程度的数量指标,常用于植被变化、生态环境研究、水土保持、气候等方面。本年报植被覆盖度划分等级为0%~20%表示0%<NDVI≤20%,20%~40%表示20%<NDVI

≤40%,40%~60%表示 40%<NDVI≤60%,60%~80%表示 60%<NDVI≤80%,80%~100%表示 80%<NDVI≤100%。

植被净初级生产力(NPP):绿色植物在单位面积、单位时间内所累积的有机物数量,一般以每平方米干物质的碳含量(克/米^2,g/m^2)来表示。NPP 既是判定生态系统碳汇和调节生态过程的主要因子,更是直接反映植被群落在自然环境条件下的生产能力,表征陆地生态系统的质量状况的生产能力,用于表征陆地生态系统的质量状况。

植被生态质量指数:利用植被净初级生产力和植被覆盖度构成植被生态质量指数,综合监测评估植被生态质量的优劣,其值越大,表明植被生态质量越好。植被生态质量是衡量自然生态状况的关键指标。

草地植被地上生物量:单位面积草地在某一时刻地上所有植物的当时生物量,包括植物活体部分、立枯部分和凋落物。单位为千克每公顷(kg/hm^2)。

目　　录

摘　要

气候系统的多种指标和观测数据表明,气候系统多项关键指标呈加速变化趋势。2021年,全球平均温度较工业化前水平高出约 1.11 ℃,是有完整气象观测记录以来的第七个最暖年份之一,过去 7 年(2015—2021 年)是有完整气象观测记录以来最暖的七个年份。

1961—2021 年,西藏地表年平均气温呈显著上升趋势,平均每 10 年升高 0.32 ℃。2021年,西藏地表年平均气温为 5.3 ℃,较常年值偏高 1.2 ℃,是 1961 年以来最高值。

1961—2021 年,西藏年降水量以 7.74 mm/10a 的速率呈增加趋势,尤其是近 41 年(1981—2021 年)增幅较大(13.48 mm/10a)。2021 年,西藏平均年降水量为 493.1 mm,较常年值偏多 31.0 mm。

1961—2021 年,西藏年平均风速呈显著减小趋势;≥0 ℃活动积温呈显著增加趋势(65.1℃·d/10a),特别是近 41 年,增幅达 87.1 ℃·d /10a。2021 年西藏日平均气温≥0 ℃活动积温为 2371.8 ℃·d,较常年值偏高 292.6 ℃·d,是 1961 年以来第一个偏高年份。

1961—2021 年,西藏年极端最高、最低气温和年最高气温极小值、最低气温极大值均呈升高趋势;年暖昼(夜)日数呈显著增加趋势,年平均生长季长度呈明显延长趋势;而年冷昼(夜)日数、霜冻日数和结冰日数均表现为明显减少趋势。83% 站的年中雨日数、67% 站的年大雨日数、72% 站的年强降水量、83% 站的极强降水量、67% 站的 1 日和 72% 站的连续 5 日最大降水量均表现为增加趋势;67% 站的年连续湿润日数呈增加趋势,近 61 年 83% 站的年连续干旱日数呈减少趋势。

1961—2021 年,西藏平均年霜日数以 2.23 d/10a 的速度增加,而平均年冰雹日数、大风日数和沙尘暴日数均呈不同程度的减少,减幅依次为 2.09 d/10a、9.03 d/10a 和 1.2 d/10a。2021 年,平均年冰雹日数为 0.7 d,是 1961 年以来的最少年份。2014—2021 年,除那曲、隆子2019 年有沙尘暴外,其他各站连续 8 年没有出现过沙尘暴。

1972—2021 年,西藏羌塘高原、喜马拉雅山脉、藏东南的 9 个冰川面积均呈减少趋势。其中杰马央宗、冲巴雍曲流域和米堆冰川末端 3 个冰湖面积呈增加趋势。2021 年较 1972 年,卡若拉冰川面积减少 0.31 km²;较 1995 年,萨普冰川面积减少 2.33 km²。2021 年较 1987 年,杰马央宗和冲巴雍曲流域冰湖面积分别增加 0.58 km² 和 1.45 km²;较 1986 年,米堆冰川末端冰湖面积增加 0.26 km²。

1981—2021 年,西藏年积雪日数和年最大积雪深度平均每 10 年分别减少 4.86 d 和 0.45 cm。2001—2021 年,西藏年积雪覆盖率变化呈微弱增加趋势,幅度为 0.58%/a。2001—2021 年,西藏积雪面积总体呈增加趋势,2019 年是 2001 年以来积雪面积最大的年份,2010 年为最小的年份。

1961—2021 年,西藏海拔 4500 m 以上地区年最大冻土深度减小趋势最为明显,平均每 10

年减小 16.53 cm；海拔 3200～4500 m 地区平均每 10 年减小 4.58 cm；海拔 3200 m 以下地区平均每 10 年减小 0.16 cm，呈弱减小趋势。

2021 年，西藏年平均地表温度为 10.0 ℃，较常年偏高 1.2 ℃。2000—2021 年，藏西北、藏南、藏东 15 个湖面面积变化中，分布在藏西北和藏东的绝大多数湖面面积有所扩张，分布在藏南的湖面面积有所萎缩。佩枯错、多庆错、羊卓雍错、普莫雍错、拉昂错和错鄂湖面面积总体呈萎缩趋势，其他 10 个湖泊呈扩张趋势。其中，色林错湖面面积扩张尤为明显，平均每年增加 22.77 km²；羊卓雍错湖面面积萎缩较明显，为 -3.72 km²/a。2021 年较 2000 年，色林错湖面面积扩张 549 km²，错鄂湖面面积萎缩 10.88 km²，多庆错湖面面积萎缩 32.81 km²，然乌湖扩张 3.11 km²。

1961—2021 年，西藏植被气候生产潜力呈显著增加趋势，平均每 10 年增加 130.85 kg/hm²（$P<0.001$）。

2000—2021 年，西藏植被覆盖变化趋势呈增长态势，平均每 10 年增长 0.004；草地地上生物量总体呈现略微增加趋势；植被生态质量指数呈增长趋势，平均增长速率为 0.6/10a，2021 年较 2000 年提高了 1.5。

第1章　全球与全国气候变化

气候系统多项关键指标呈加速变化趋势。中国是全球气候变化的敏感区,气候极端性增强,降水变化区域差异明显、暴雨日数增多;我国生态气候总体趋好,区域生态环境不稳定性加大。本章以引用文献的方式,根据 WMO(世界气象组织)发布的《2021 全球气候状况》报告最新监测信息和中国气象局气候变化中心发布的《中国气候变化蓝皮书 2022》中提供的中国气候最新监测信息,介绍全球地表平均气温的变化趋势以及我国地表气温、降水的气候变化事实。

1.1　全球地表平均温度

2021 年,中国升温速率高于同期全球平均水平,是全球气候变化的敏感区。1951—2021年,中国地表年平均气温呈显著上升趋势,升温速率为 0.26 ℃/10a,高于同期全球平均升温水平(0.15 ℃/10a)。最近 20 年是 20 世纪初以来中国的最暖时期;2021 年,中国地表平均气温较常年值偏高 0.97 ℃,为 1901 年以来的最高值(图 1.1)。

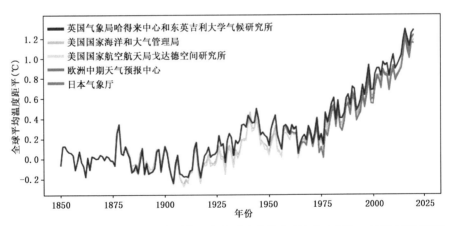

图 1.1　1850—2021 年全球地表平均温度距平变化趋势(相对于 1850—1900 年平均值)

1.2　全国气候特征

1.2.1　气温

国家气候中心发布的 2021 年《中国气候公报》显示:2021 年,全国平均气温为 10.5 ℃,较常年偏高 1.0 ℃,为 1951 年以来历史最高(图 1.2);各月气温均偏高或接近常年同期,其中 2

月和9月气温均为历史同期最高。从空间分布看,全国大部地区气温较常年偏高,其中华北中部和西北部、黄淮和江淮的大部、江南大部、华南中东部、西南地区西部及吉林东部、内蒙古东北部和中西部、甘肃北部、宁夏、西藏中东部、新疆东北部等地偏高1～2℃。四季气温均偏高。2021年,全国平均高温(日最高气温≥35.0℃)日数12.0 d,较常年偏多4.3 d,为1961年以来次多,仅次于2017年(12.1 d)。2021年,极端高温事件和极端低温事件均偏多。全国极端高温事件站次比为0.33,较常年偏多0.21,较2020年偏多0.11;全国共有364个国家站日最高气温达到极端事件监测标准,其中,云南元江(44.1℃)、四川富顺(41.5℃)等62站日最高气温突破历史极值,主要分布在西北地区东部、西南地区东部、华南北部及湖南西部、海南中部、新疆中部等地。全国极端连续高温事件站次比为0.17,较常年偏多0.04;全国有222个国家站连续高温日数达到极端事件监测标准,其中,海南澄迈(26 d)、广西三江(22 d)等32站突破历史极值。2021年,全国极端低温事件站次比为0.34,较常年偏多0.18,较2020年偏多0.31;有610个国家站日最低气温达到极端事件监测标准,其中,内蒙古太仆寺旗(-37.5℃)、河北康保(-37.4℃)等59站突破历史极值。全国共有540个国家站日降温幅度达到极端事件监测标准,其中,吉林舒兰(19.7℃)、江西永新(19.7℃)等133站突破历史极值。

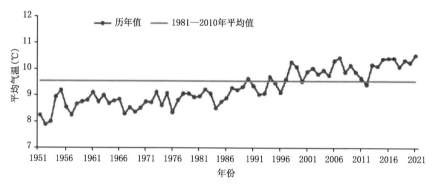

图1.2 1951—2021年全国平均气温历年变化趋势

1.2.2 降水

2021年,全国平均降水量较常年偏多。全国平均降水量672.1 mm,较常年偏多6.7%,为1951年以来第十二多(图1.3);北方地区平均年降水量为历史次多。降水阶段性变化明显,2月、5月和7—11月降水量偏多,其中10月偏多45.4%;1月、3—4月及6月、12月降水量偏少,其中1月偏少56.6%。

2021年,中东部降水为北多南少。全国有23个省(区、市)降水量较常年偏多,其中,天津偏多83%、河北偏多71%、北京偏多70%、山西和陕西偏多52%、河南偏多51%,均为1961年以来最多,山东偏多53%,为历史次多;7个省(区)降水量较常年偏少,其中,广东偏少24%、广西和福建偏少13%、云南偏少12%;宁夏降水量接近常年。冬季降水偏少、春夏秋三季均偏多。各区域及流域降水量均以偏多为主,华北为历史最多。降水日数北方偏多、南方偏少。暴雨站日数为历史第二多。

2021年,全国日降水量极端事件站次比为0.15,较常年偏多0.05。全国共有305个国家站日降水量达到极端事件监测标准,其中,河南、陕西、江苏、新疆、四川等地64站突破历史极

值,河南郑州(552.5 mm)、新密(448.3 mm)日降水量超过 400 mm。全国共 83 个国家站连续降水量突破历史极值,主要分布在河南、山西、陕西、福建、浙江、新疆等地,河南郑州连续降水量达 852 mm。全国连续降水日数极端事件站次比为 0.37,较常年偏多 0.24,为 1961 年以来历史第二多。全国共有 647 个国家站连续降水日数达到极端事件监测标准,其中,河南、河北、内蒙古、山东、天津、新疆、江西、湖南、贵州等地有 98 站突破历史极值,广东蕉岭(61 d)和四川盐源(41 d)连续降水日数超过 40 d(引自国家气候中心发布的 2021 年《中国气候公报》)。

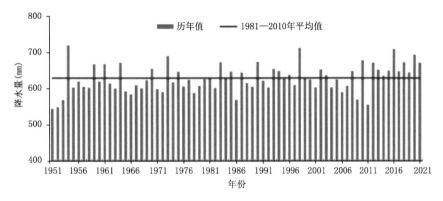

图 1.3　1951—2021 年全国平均降水量历年变化趋势

第 2 章　西藏自治区气候要素的变化

在全球气候变暖的大背景下,西藏气候也发生了明显的变化,1961—2021 年,总体上呈现为暖湿化的特征,日照时数、蒸发量、平均风速均呈显著减少趋势。年极端最高、最低气温趋于升高,年暖昼(夜)日数、生长季长度均呈显著增加趋势,而年冷昼(夜)日数、霜冻日数和结冰日数都表现为显著的减少趋势。年中雨日数、大雨日数、连续湿润日数均趋于增多,而年连续干旱日数呈减少趋势。

2.1　基本要素

2.1.1　平均气温

2.1.1.1　全区

1961—2021 年,西藏地表年平均气温呈显著上升趋势,平均每 10 年升高 0.32 ℃($P<$ 0.001,P 为显著性检验,下同;图 2.1),升温主要表现在秋、冬两季(表 2.1),尤其是 1991—2021 年升温更加明显,秋、冬两季升温率分别为 0.55 ℃/10a、0.64 ℃/10a,其次是夏季每 10 年升高 0.43 ℃,春季升温率最小为 0.18 ℃/10a。2021 年,西藏地表年平均气温为 5.3 ℃,较常年值偏高 1.2 ℃,是 1961 年以来最高值。

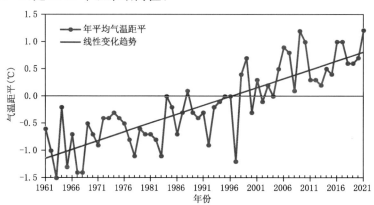

图 2.1　1961—2021 年西藏地表年平均气温距平变化趋势

从 1961—2021 年西藏地表年平均气温变化趋势空间分布来看(图 2.2),各站地表年平均气温均呈显著升高趋势,平均每 10 年升高 0.00～0.54 ℃($P<$0.001),其中,那曲最大,其次是拉萨(0.50 ℃/10a),昌都最小。

第2章 西藏自治区气候要素的变化

表 2.1 西藏地表平均气温升温率(℃/10a)

时间段(年)	年	冬季	春季	夏季	秋季
1961—2021	0.32****	0.44****	0.24****	0.26****	0.37****
1991—2021	0.44****	0.64****	0.18	0.43****	0.55****

注:****表示通过 0.001 显著性检验。

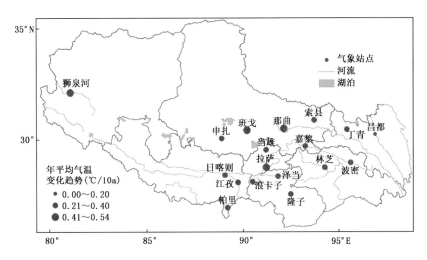

图 2.2 1961—2021 年西藏地表年平均气温变化趋势空间分布

从 1961—2021 年西藏地表四季平均气温变化趋势空间分布来看,各站季平均气温均表现为升高趋势,主要表现在秋、冬两季。春季各站升温率为 0.06～0.47 ℃/10a(图 2.3a,除泽当、昌都、嘉黎外,其余站 P<0.001),其中,狮泉河最高,拉萨次之(0.41 ℃/10a),嘉黎最低。夏季各站升温率为 0.12～0.44 ℃/10a(图 2.3b,除嘉黎外,其余站 P<0.001),拉萨最高,其次是那曲(0.38 ℃/10a),嘉黎最低。秋季各站升温率为 0.19～0.58 ℃/10a(图 2.3c,除昌都外,其余站 P<0.001),那曲最高,其次是拉萨(0.56 ℃/10a),昌都最低。冬季各站升温率为 0.20～0.85 ℃/10a(图 2.3d,除隆子、帕里外,其余站 P<0.001),班戈最高,那曲次之(0.80 ℃/10a),隆子最低,其中那曲、班戈、索县、拉萨、当雄升温率大于 0.50 ℃/10a。

根据 1981—2021 年西藏全区及 7 个地(市)地表年平均气温变化趋势的分析(图 2.4)来看,各地(市)气温呈明显上升趋势,阿里地区升温率最大达 0.54 ℃/10a;其次是那曲为 0.49 ℃/10a;山南最小为 0.27 ℃/10a;拉萨、昌都、林芝和日喀则升温率分别为 0.39 ℃/10a、0.39 ℃/10a、0.35 ℃/10a 和 0.34 ℃/10a。

2.1.1.2 拉萨站

1952—2021 年,拉萨站(国家基本气象站)地表年平均气温呈显著升高趋势,升温率为 0.38 ℃/10a(P<0.001,图 2.5)。20 世纪 50—80 年代气温以偏低为主,进入 90 年代后,气温升高显著,1991—2021 年平均气温每 10 年升高 0.6 ℃(P<0.001)。

2021 年,拉萨站年平均气温为 10.3 ℃,较常年偏高 1.8 ℃,为 1952 年以来最高值,与 2009 年并列。从拉萨四季地表平均气温变化趋势来看(表 2.2),各时段季平均气温表现为升高趋势,主要表现在秋、冬季,尤其是近 31 年(1991—2021 年),秋季升温率达 0.77 ℃/10a,冬季升温率次之,达 0.71 ℃/10a。

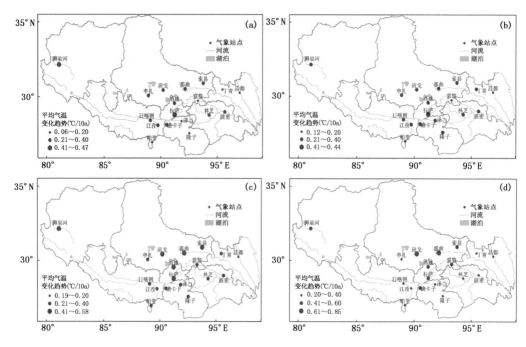

图2.3 1961—2021年西藏地表四季平均气温变化趋势空间分布
(a)春季,(b)夏季,(c)秋季,(d)冬季

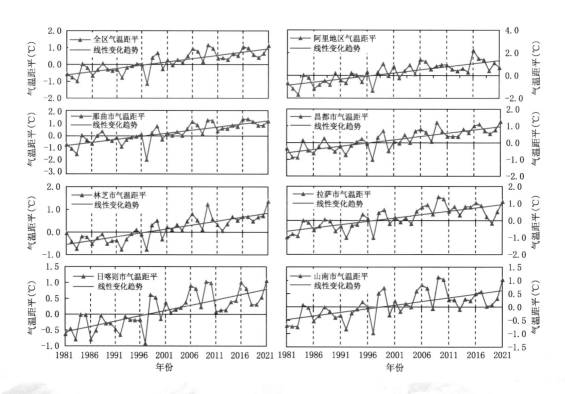

图2.4 1981—2021年西藏全区及各地(市)地表年平均气温距平变化趋势

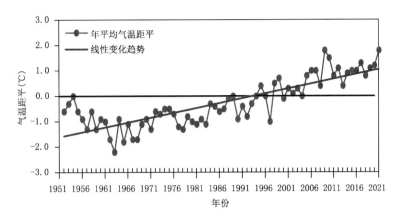

图 2.5　1952—2021 年拉萨地表年平均气温距平变化趋势

表 2.2　拉萨地表平均气温升温率（℃/10a）

时间段（年）	年	冬季	春季	夏季	秋季
1952—2021	0.38****	0.48****	0.26****	0.37****	0.42****
1981—2021	0.58****	0.71****	0.43****	0.45****	0.73****
1991—2021	0.60****	0.71****	0.29*	0.64****	0.77****

注：*，****分别表示通过 0.1，0.001 显著性检验。

在 10 年际变化尺度上（表 2.3），20 世纪 60 年代以来，拉萨年、季地表平均气温表现为逐年代增高的变化特征，20 世纪 60 年代是最冷的 10 年，而从 21 世纪最初 10 年开始年、季增温明显，尤其近 10 年（2011—2020 年）平均气温持续偏高，比 21 世纪最初 10 年偏高 0.3 ℃，就四季除冬季偏低 0.2 ℃外，其他各季偏高 0.3~0.6 ℃，特别是秋季更为突出；比 20 世纪 60 年代偏高 2.8 ℃，各季偏高 2.1~2.8 ℃，因此，2011—2020 年表现为最暖的 10 年。

表 2.3　拉萨地表平均气温的各年代平均距平（℃）

年代	年	冬季	春季	夏季	秋季
20 世纪 50 年代	−0.7	−1.2	−0.1	−1.1	−0.6
20 世纪 60 年代	−1.4	−1.7	−1.2	−1.3	−1.5
20 世纪 70 年代	−0.9	−1.0	−0.8	−1.0	−0.7
20 世纪 80 年代	−0.6	−0.8	−0.7	−0.3	−0.7
20 世纪 90 年代	−0.1	−0.4	0.2	−0.3	0.0
21 世纪最初 10 年	0.7	1.1	0.5	0.5	0.7
2011—2020 年	1.0	0.9	1.0	0.8	1.3

注：距平为各年代平均值与 1981—2010 年平均值的差。

2.1.1.3　昌都站

1953—2021 年，昌都站（国家基准气候站）地表年平均气温呈显著升高趋势，升温率为 0.14 ℃/10a（$P<0.001$，图 2.6）。20 世纪 50—80 年代气温以振荡为主，进入 90 年代后，气温明显升高，1991—2021 年升温率达 0.4 ℃/10a（$P<0.001$）。2021 年，昌都站年平均气温为 9.0 ℃，较常年值偏高 1.2 ℃，为 1953 年以来第二个偏暖年份。

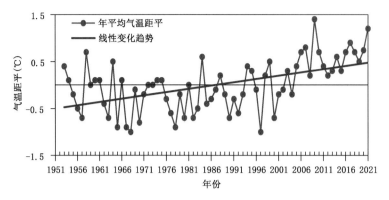

图 2.6　1953—2021 年昌都地表年平均气温距平变化

　　从昌都四季地表平均气温变化趋势来看(表 2.4)，各时段气温均表现为升高趋势，尤其是冬季。1991—2021 年升温幅度较大，夏季升温率为 0.52 ℃/10a，秋、冬季升温率分别为 0.46 ℃/10a、0.49 ℃/10a，春季幅度最小为 0.16 ℃/10a。

表 2.4　昌都地表平均气温升温率(℃/10a)

时间段(年)	年	冬季	春季	夏季	秋季
1953—2021	0.14****	0.25****	0.04	0.14****	0.12**
1981—2021	0.31****	0.43****	0.20**	0.27***	0.32***
1991—2021	0.40****	0.49***	0.16	0.52****	0.46***

注：**，***，****分别表示通过 0.05,0.01 和 0.001 显著性检验。

　　在 10 年际变化尺度上来看(表 2.5)，20 世纪 60 年代以来昌都年、季地表平均气温呈逐年代增高的变化特征，尤其是 21 世纪最初 10 年和近 10 年(2011—2020 年)增温更加显著。20 世纪 60 年代是最冷的 10 年，21 世纪近 10 年是最暖的 10 年。近 10 年气温持续偏高，比 21 世纪最初 10 年偏高 0.1 ℃，比 20 世纪 60 年代偏高 0.9 ℃；就四季而言，冬季比 20 世纪 60 年代偏高 1.3 ℃，其他各季偏高 0.4~1.1 ℃。

表 2.5　昌都地表平均气温的各年代平均距平(℃)

年代	年	冬季	春季	夏季	秋季
20 世纪 50 年代	0.0	-0.5	0.4	0.0	0.1
20 世纪 60 年代	-0.4	-0.8	-0.1	-0.4	-0.4
20 世纪 70 年代	-0.3	-0.7	-0.1	-0.3	-0.1
20 世纪 80 年代	-0.2	-0.4	-0.3	0.0	-0.2
20 世纪 90 年代	-0.1	-0.4	0.1	-0.3	-0.1
21 世纪最初 10 年	0.4	0.8	0.2	0.3	0.4
2011—2020 年	0.5	0.5	0.3	0.7	0.6

注：距平为各年代平均值与 1981—2010 年平均值的差。

2.1.2 平均最高气温和最低气温

2.1.2.1 全区

1961—2021 年,西藏地表年平均最低气温呈显著升高趋势(图 2.7a,表 2.6),平均每 10 年升高 0.42 ℃($P<0.001$),高于年平均气温的升温率;1991—2021 年升温率达到 0.52 ℃/10a($P<0.001$)。同样,1991—2021 年,地表年平均最高气温也呈明显升高趋势(图 2.7b,表 2.6),平均每 10 年升高 0.28 ℃($P<0.001$),但低于年平均气温和平均最低气温的上升速率。20 世纪 90 年代后平均最高、最低气温均呈显著上升趋势,近 31 年(1991—2021)年升温率分别达 0.47 ℃/10a、0.52 ℃/10a($P<0.001$)。四季平均最高、最低气温的升温主要表现在冬季(表 2.6),尤其是近 31 年(1991—2021 年)冬季平均最高、最低气温升温率分别达 0.78 ℃/10a($P<0.01$)、0.57 ℃/10a($P<0.001$),平均最高气温升温率大于平均最低气温升温率。

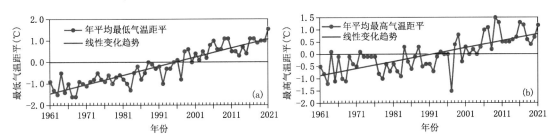

图 2.7 1961—2021 年西藏地表年平均最低气温(a)和平均最高气温(b)距平变化趋势

表 2.6 西藏地表平均最高、最低气温升温率(℃/10a)

要素	时间段(年)	年	冬季	春季	夏季	秋季
平均最高气温	1961—2021	0.28****	0.39****	0.17***	0.22****	0.34****
	1991—2021	0.47****	0.78***	0.12	0.40****	0.62****
平均最低气温	1961—2021	0.42****	0.53****	0.39****	0.34****	0.42****
	1991—2021	0.52****	0.57****	0.34****	0.56****	0.57****

注:***,**** 分别表示通过 0.01,0.001 显著性检验。

2021 年,西藏地表年平均最高气温为 12.9 ℃,比常年值偏高 1.2 ℃,是 1961 年以来与 2017 年并列第四个高值年份。年平均最低气温为 −0.8 ℃,比常年值偏高 1.5 ℃,是 1961 年以来最高值。

从 1961—2021 年西藏地表年平均最高气温变化趋势空间分布来看,各站地表年平均最高气温均表现为升高趋势(图 2.8a),平均每 10 年升高 0.11~0.46 ℃(嘉黎站 $P<0.05$,其余站 $P<0.001$),其中,拉萨升温幅度最大,其次是索县(0.40 ℃/10a),嘉黎最小;那曲大部、拉萨、当雄、泽当、隆子、日喀则和狮泉河升温率大于 0.30 ℃/10a。在四季变化趋势上,平均最高气温表现出以下特征:①狮泉河最大升温率出现在春季,拉萨、日喀则、申扎、江孜、浪卡子和隆子出现在秋季,其余站均发生在冬季;②春季(图略),平均最高气温在嘉黎表现为较弱的降温趋势,其他各站呈升温趋势且 66.7% 的站 $P<0.05$;③夏季(图 2.8b)、秋季(图略),两季各站均表现为升温趋势且 $P<0.05$ 的站依次为 14 个和 16 个;④冬季(图 2.8c),各站均表现为明显升温趋势(18 个站 $P<0.05$),升温率分别在 0.24~0.55 ℃/10a(索县最大、江孜最小),其中,那曲大部、拉萨、当雄、泽当和丁青在 0.40 ℃/10a 以上。

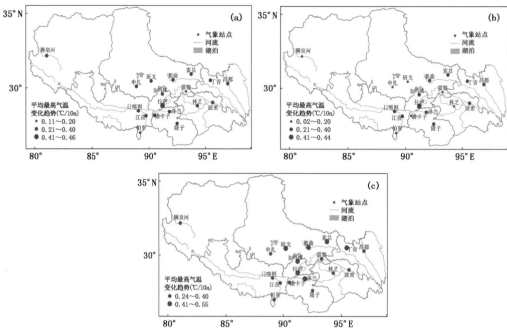

图 2.8　1961—2021 年西藏地表年、季平均最高气温变化趋势空间分布
(a)年,(b)夏季,(c)冬季

1961—2021 年,西藏各站地表年平均最低气温均表现为明显升高趋势(图 2.9a),平均每
10 年升高 0.11~0.79 ℃(所有站 $P<0.001$),以那曲升温率最大,其次是班戈(0.73 ℃/10a),

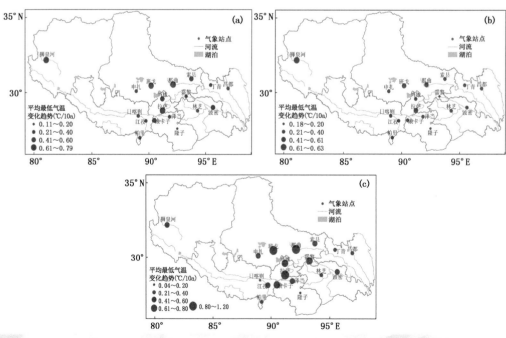

图 2.9　1961—2021 年西藏地表年、季平均最低气温变化趋势空间分布
(a)年,(b)夏季,(c)冬季

第2章　西藏自治区气候要素的变化

隆子最小。在四季变化趋势上,各站平均最低气温最大升温率出现的季节不同,日喀则、隆子在春季,林芝在夏季,狮泉河、班戈、泽当和帕里在秋季,其余站均出现在冬季。各站四季均呈升温趋势,其中,春季升温率为 0.19～0.71 ℃/10a(所有站 $P<0.001$),那曲最大,其次是拉萨(0.70 ℃/10a),隆子最小(图略);夏季升温率为 0.18～0.63 ℃/10a(图 2.9b,除嘉黎外,其余站 $P<0.001$),狮泉河最大,那曲次之(0.57 ℃/10a),隆子最小;秋季升温率为 0.03～0.75 ℃/10a(除隆子外,其余站 $P<0.001$),那曲最大,狮泉河其次(0.72 ℃/10a),隆子最小(图略);冬季升温率为 0.04～1.20 ℃/10a(图 2.9c,除日喀则、隆子外,其余站 $P<0.001$),班戈最大,那曲次之(1.12 ℃/10a),隆子最小。

2.1.2.2　拉萨站

1952—2021 年,拉萨站地表年平均最高气温和平均最低气温均表现为显著的上升趋势(图 2.10,表 2.7),升温率分别为 0.33 ℃/10a($P<0.001$)和 0.59 ℃/10a($P<0.001$),主要表现在冬季。进入 20 世纪 90 年代后,最高和最低气温快速上升,近 31 年(1991—2021 年)升温率分别达到 0.58 ℃/10a($P<0.001$)和 0.78 ℃/10a($P<0.001$),其中,冬季最高气温上升明显,平均每 10 年升高 0.89 ℃,而秋季最低气温升温更加显著,平均每 10 年升高 0.91 ℃。

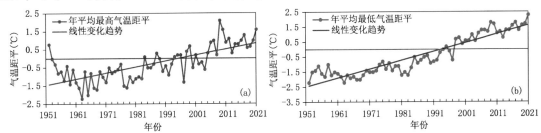

图 2.10　1952—2021 年拉萨地表年平均最高气温(a)和平均最低气温(b)距平变化趋势

表 2.7　拉萨地表平均最高气温和平均最低气温的升温率(℃/10a)

时间段(年)	年	冬季	春季	夏季	秋季
1952—2021	0.33****/0.59****	0.40****/0.70****	0.19***/0.57****	0.37****/0.49****	0.35****/0.58****
1981—2021	0.51****/0.86****	0.77****/0.92****	0.29**/0.81****	0.32***/0.71****	0.65****/1.00****
1991—2021	0.58****/0.78****	0.89****/0.79***	0.10/0.65***	0.55***/0.77****	0.80***/0.91***

注:**,***,****分别表示通过 0.05,0.01 和 0.001 显著性检验;"/"前后数字分别为平均最高气温和平均最低气温的升温率。

2021 年,拉萨站年平均最高气温为 17.9 ℃,较常年偏高 1.6 ℃,为 1952 年以来与 2010 年并列第二个高值年份。年平均最低气温为 4.5 ℃,较常年偏高 2.3 ℃,是 1952 年以来最高值。

从拉萨站平均最高(最低)气温在 10 年际变化尺度上来看(表 2.8),20 世纪 50—80 年代年、季气温均为负距平;90 年代冬季和夏季气温为负距平,春、秋两季气温为正常或正距平;进入 21 世纪初,年、季平均最高(最低)气温均表现为正距平,尤其是冬季。20 世纪 60 年代至 21 世纪近 10 年(2011—2020 年)气温表现为逐年代增高的变化特征,60 年代是最冷的 10 年,21 世纪近 10 年是最暖的 10 年。21 世纪近 10 年与 20 世纪 60 年代比较,年平均最高气温和最低气温分别偏高 2.2 ℃和 3.2 ℃;四季而言为,秋季平均最高气温升温明显偏高 2.7 ℃,冬季最低气温升温更加显著偏高 4.0 ℃。春、夏、秋、冬四季平均最低气温升温率明显大于平均最高气温升温率。

表 2.8　拉萨地表平均最高气温和平均最低气温的各年代平均距平(℃)

年代	年	冬季	春季	夏季	秋季
20 世纪 50 年代	−0.5/−1.5	−0.7/−1.8	−0.1/−1.5	−1.2/−1.5	−0.1/−1.4
20 世纪 60 年代	−1.4/−1.8	−1.2/−2.6	−1.2/−1.9	−1.6/−1.2	−1.3/−1.5
20 世纪 70 年代	−1.0/−1.2	−0.9/−1.6	−0.8/−1.4	−1.2/−1.0	−0.9/−0.8
20 世纪 80 年代	−0.5/−1.0	−0.7/−1.1	−0.6/−1.1	−0.1/−0.7	−0.5/−1.1
20 世纪 90 年代	−0.2/0.0	−0.6/−0.1	0.3/0.0	−0.3/−0.2	0.0/0.1
21 世纪最初 10 年	0.5/1.1	1.2/1.3	0.3/1.0	0.3/0.9	0.4/1.2
2011—2020 年	0.8/1.4	1.1/1.4	0.3/1.2	0.7/1.3	1.4/1.6

注:距平为各年代平均值与 1981—2010 年平均值的差;"/"前后数字分别为平均最高气温和最低气温的距平。

2.1.2.3　昌都站

　　1954—2021 年,昌都站地表年平均最高气温和平均最低气温都表现为明显上升趋势(图 2.11,表 2.9),升温率分别为 0.15 ℃/10a($P<0.001$)和 0.19 ℃/10a($P<0.001$),主要表现在冬季。1981—2021 年,年平均最高气温和最低气温上升速度更快,升温率分别达到 0.32 ℃/10a($P<0.001$)和 0.39 ℃/10a($P<0.001$),最高气温、最低气温都以冬、秋季升温为主。进入 20 世纪 90 年代后,就四季而言,平均最高气温在春季升温率明显变小,其他三季最高气温继续升高;而四季平均最低气温上升趋势更显著,升温率为 0.33~0.55 ℃/10a,以秋季最高。平均最低气温升温率大于平均最高气温升温率。

　　2021 年,昌都站年平均最高气温为 17.9 ℃,较常年值偏高 1.0 ℃,为 1954 年以来与 1954 年及 2007 年并列的第三个高值年份。年平均最低气温为 2.2 ℃,较常年值偏高 1.1 ℃,是 1954 年以来并列第二个高值年份。

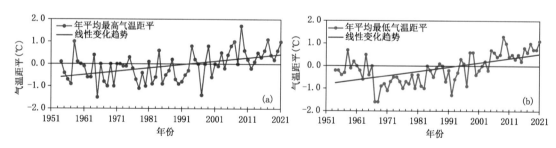

图 2.11　1954—2021 年昌都地表年平均最高气温(a)和平均最低气温(b)距平变化趋势

表 2.9　昌都地表平均最高气温和平均最低气温的升温率(℃/10a)

时间段(年)	年	冬季	春季	夏季	秋季
1954—2021	0.15****/0.19****	0.29****/0.25****	0.02/0.17****	0.20****/0.16****	0.09/0.19****
1981—2021	0.32****/0.39****	0.50****/0.43****	0.20*/0.32**	0.27**/0.36**	0.28**/0.44****
1991—2021	0.34***/0.46****	0.51**/0.43**	−0.01/0.33**	0.55***/0.53**	0.33/0.55****

注:*,**,***,****分别表示通过 0.1,0.05,0.01,0.001 显著性检验;"/"前后数字分别为平均最高气温和平均最低气温的升温率。

在 10 年际变化尺度上(表 2.10),总体来看,20 世纪 80 年代和 21 世纪近 10 年(2011—2020 年)昌都年平均最高气温比前一年代略偏低,其余各年代气温表现为上升的变化特征,最小值出现在 20 世纪 60 年代,最大值出现在 21 世纪最初 10 年,年平均最低气温从 20 世纪 70 年代开始表现为逐年代上升趋势,最低值出现在 70 年代,最高值出现在 21 世纪近 10 年。

表 2.10　昌都地表平均最高气温和平均最低气温的各年代平均距平(℃)

年代	年	冬季	春季	夏季	秋季
20 世纪 60 年代	−0.5/−0.6	−0.8/−0.8	−0.1/−0.4	−0.7/−0.1	−0.3/−0.6
20 世纪 70 年代	−0.3/−0.7	−0.7/−1.1	−0.1/−0.5	−0.2/−0.6	−0.3/−0.5
20 世纪 80 年代	−0.4/−0.4	−0.6/−0.4	−0.5/−0.3	0.0/−0.1	−0.3/−0.4
20 世纪 90 年代	−0.2/−0.2	−0.5/−0.3	0.2/0.0	−0.3/−0.2	−0.1/0.1
21 世纪最初 10 年	0.5/0.4	1.1/0.8	0.3/0.4	0.3/0.4	0.3/0.4
2011—2020 年	0.4/0.6	0.4/0.5	0.1/0.5	0.7/0.7	0.4/0.7

注:距平为各年代平均值与 1981—2010 年平均值的差;"/"前后数字分别为平均最高气温和平均最低气温的距平。

20 世纪 60—90 年代昌都年、季平均最高(最低)气温均为负距平(除 90 年代春季),以偏冷天气为主,到 21 世纪平均最高(最低)气温上升显著均为正距平,以偏暖天气为主。四季平均最高(最低)气温最大值均出现在冬季,21 世纪最初 10 年分别为 1.1 ℃、0.8 ℃,最小值仍出现在冬季分别为 −0.8 ℃和 −1.1 ℃。21 世纪近 10 年(2011—2020 年)与 20 世纪 60 年代比较,昌都年平均最高(最低)气温分别偏高 0.9 ℃、1.2 ℃;四季平均最高气温偏高 0.2～1.4 ℃;平均最低气温偏高 0.8～1.3 ℃。

2.1.3　气温年较差和日较差

2.1.3.1　气温年较差

1961—2021 年,西藏气温年较差表现为明显变小趋势,平均每 10 年减小 0.22 ℃($P<$0.05,图 2.12);近 31 年(1991—2021 年)气温年较差也趋于减小,为 −0.11 ℃/10a(未通过显著性检验)。

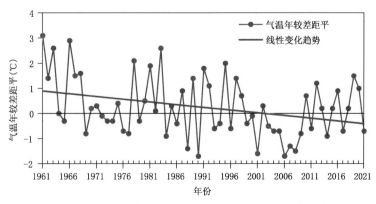

图 2.12　1961—2021 年西藏气温年较差距平变化

2021 年,西藏气温年较差为 18.4 ℃,较常年值偏小 0.7 ℃,为 1961 年以来与 1976 年、2004 年、2005 年及 2017 年并列的第八个低值年份。各地气温年较差在 13.9～28.2 ℃,林芝最小、狮泉河最大。其中,那曲大部、日喀则和狮泉河在 20.0 ℃以上。与 2020 年比较,班戈气温年较差偏大,其他各地气温年较差均偏小。

从西藏气温年较差在 10 年际变化尺度上来看(图 2.13),20 世纪 60 年代最高,较常年值偏高 1.2 ℃。20 世纪 70—90 年代气温年较差仍处于偏高期,且呈逐年代增加趋势;进入 21 世纪初,气温年较差较常年值偏低 0.8 ℃,而近 10 年(2011—2020 年)气温年较差出现增加趋势,比 21 世纪最初 10 年偏高 1.1 ℃。在 30 年际变化尺度上,1981—2010 年和 1991—2020 年气温年较差相同并最低,分别比 1961—1990 年和 1971—2000 年偏低 0.5 ℃和 0.3 ℃。

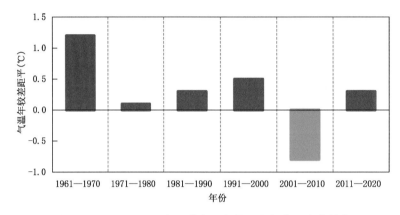

图 2.13　1961—2020 年西藏气温年较差的年代际变化趋势

从 1961—2021 年西藏各站气温年较差变化趋势空间分布来看(图 2.14),狮泉河、日喀则、隆子和林芝分别为 0.11 ℃/10a、0.1 ℃/10a、0.07 ℃/10a 和 0.01 ℃/10a,均为变大趋势,其他各站均呈变小趋势,减幅为 0.06~0.86 ℃/10a(8 个站 $P<0.05$),其中班戈减幅最大($P<0.001$),那曲次之,为 0.65 ℃/10a($P<0.001$),泽当减幅最小。藏北海拔 4000 m 以上地区气温年较差变小幅度较大,在 0.41 ℃/10a 以上。

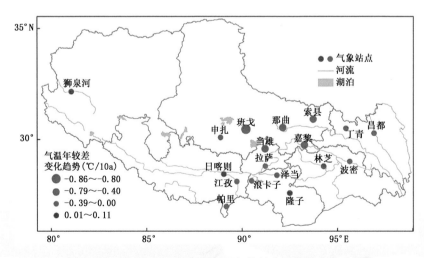

图 2.14　1961—2021 年西藏气温年较差变化趋势空间分布

2.1.3.2　气温日较差

1961—2021 年，西藏年气温日较差表现为明显变小趋势(图 2.15，表 2.11)，平均每 10 年减小 0.14 ℃($P<0.001$)，主要表现在春季，为—0.22 ℃/10a($P<0.001$)。近 41 年(1981—2021 年)气温日较差呈变小趋势，为—0.10 ℃/10a($P<0.05$)，四季中冬季气温日较差变大为 0.06 ℃/10a(未通过显著性检验)，夏季变小幅度相对较大为—0.20 ℃/10a($P<0.05$)。近 31 年(1991—2021 年)气温日较差呈微弱变小趋势，为—0.04 ℃/10a(未通过显著性检验)，秋、冬季气温日较差变大，分别为 0.03 ℃/10a 和 0.21 ℃/10a(未通过显著性检验)，春、夏季气温日较差变小，其中，春季减幅相对较大为—0.22 ℃/10a($P<0.05$)。2021 年西藏年气温日较差为 13.6 ℃，较常年值偏低 0.4 ℃。

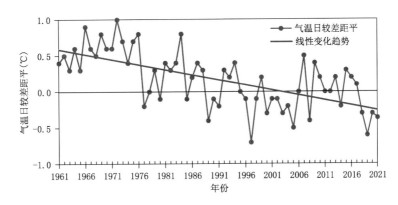

图 2.15　1961—2021 年西藏年气温日较差距平变化趋势

表 2.11　西藏平均气温日较差的变化率(℃/10a)

时间段(年)	年	冬季	春季	夏季	秋季
1961—2021	—0.14****	—0.14***	—0.22****	—0.10***	—0.09*
1981—2021	—0.10**	0.06	—0.14**	—0.20**	—0.10
1991—2021	—0.04	0.21	—0.22**	—0.10	0.03

注：*，**，***，**** 分别表示通过 0.1,0.05,0.01,0.001 显著性检验。

在 10 年际变化尺度上，西藏年气温日较差在 20 世纪 60—90 年代呈逐年代变小趋势，60 年代是最大的 10 年，而 90 年代、21 世纪最初 10 年无变化，到 21 世纪近 10 年(2011—2020 年)变小为负值(—0.1 ℃)。在 30 年际变化尺度上，1981—2010 年和 1991—2020 年气温日较差没有变化，比 1961—1990 年和 1971—2000 年偏小 0.4 ℃和 0.2 ℃。

从 1961—2021 年西藏年气温日较差变化趋势空间分布来看(图 2.16)，年平均情况下，仅日喀则和隆子 2 个站呈变大趋势，增幅分别为 0.04 ℃/10a 和 0.20 ℃/10a($P<0.001$)，其他各站呈一致的变小趋势，减幅为 0.00~0.46 ℃/10a(11 个站 $P<0.05$)，其中，班戈减幅最大($P<0.001$)，其次是那曲，为 0.44 ℃/10a($P<0.001$)，申扎和索县减幅最小。

从 1961—2021 年西藏四季气温日较差变化趋势空间分布来看，春季(图 2.17a)气温日较差隆子站呈变大趋势，增幅为 0.02 ℃/10a；其他各站趋于减小，减幅为 0.04~0.53 ℃/10a(14 个站 $P<0.05$)，以那曲减幅最大($P<0.001$)，申扎减幅最小。夏季(图 2.17b)，昌都、索县和隆子气温日较差趋于增大，增幅为 0.02~0.06 ℃/10a(未通过显著性检验；以索县和隆子最

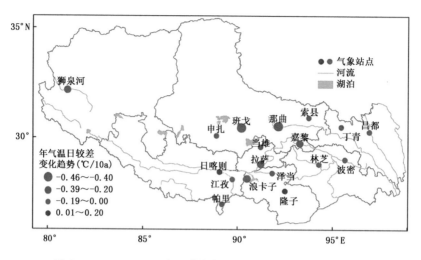

图 2.16　1961—2021 年西藏年气温日较差变化趋势空间分布

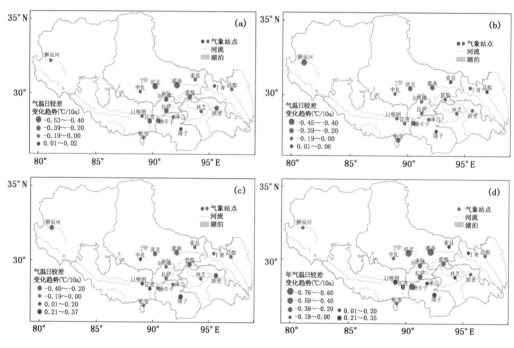

图 2.17　1961—2021 年西藏四季气温日较差变化趋势空间分布
(a)春季,(b)夏季,(c)秋季,(d)冬季

大,昌都最小),丁青和江孜无变化;其他各站均为减小趋势,减幅为 0.02~0.45 ℃/10a(8 个站 $P<0.05$),其中,狮泉河减幅最大($P<0.001$),班戈次之(0.30 ℃/10a,$P<0.001$),申扎减幅最小。秋季(图 2.17c),申扎、日喀则、江孜和隆子 4 个站气温日较差呈增大趋势,增幅为 0.12~0.37 ℃/10a(隆子、日喀则和江孜 3 个站 $P<0.01$),其中,隆子增幅最大、日喀则次之 (0.19 ℃/10a,$P<0.01$),申扎最小,索县无变化;其他各站表现为减小趋势,减幅为 0.05~ 0.40 ℃/10a(9 个站 $P<0.05$),以狮泉河减幅最大($P<0.001$),那曲次之,为 -0.32 ℃/10a,

泽当减幅最小。冬季(图 2.17d)，日喀则、泽当、隆子、索县、丁青和林芝 6 个站的气温日较差呈增大趋势，增幅为 0.04～0.35 ℃/10a(隆子和日喀则 2 个站 $P<0.05$)，其中，隆子增幅最大($P<0.001$)，索县增幅最小；其他各站表现为减小趋势，减幅为 0.00～0.76 ℃/10a(8 个站 $P<0.05$)，以班戈减幅最大($P<0.001$)，那曲次之(−0.68 ℃/10a，$P<0.001$)，昌都减幅最小。

2.1.4　降水

2.1.4.1　降水量

(1)全区

1961—2021 年，西藏年降水量呈增加趋势，平均每 10 年增加 7.74 mm($P<0.01$，图 2.18，表 2.12)，较 1961—2020 年的增幅(7.60 mm/10a)略偏大。近 41 年(1981—2021 年)年降水量增加趋势明显，增幅为 13.48 mm/10a($P<0.01$)，主要表现在春季(5.85 mm/10a，$P<0.01$)和夏季(9.22 mm/10a，$P<0.1$)。但近 31 年(1991—2021 年)全区年降水量增幅变小(6.32 mm/10a)，春、夏两季降水量趋于增加，秋、冬两季为减少态势。2021 年，西藏平均年降水量为 493.1 mm，比常年值(462.1 mm)偏多 31.0 mm。

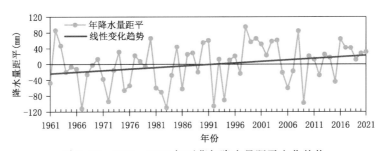

图 2.18　1961—2021 年西藏年降水量距平变化趋势

表 2.12　西藏降水量的变化趋势(mm/10a)

时间段(年)	年	春季	夏季	秋季	冬季
1961—2021	7.74*	4.91****	1.01	1.21	0.62**
1981—2021	13.48*	5.85****	9.22*	−1.50	−0.02
1991—2021	6.32	6.18**	3.03	−2.77	−0.08

注：*，**，****分别表示通过 0.1，0.05，0.001 显著性检验。

西藏年降水量变化趋势与全国八大区域比较表明，降水变化区域间差异明显。1961—2021 年，中国平均年降水量呈增加趋势，平均每 10 年增加 55 毫米；2021 年，中国平均降水量较常年值偏多 6.7%，其中华北地区平均降水量为 1961 年以来最多，而华南地区平均降水量为近 10 年最少(中国气象局气候变化中心，2022)。

西藏年降水量在 10 年际变化尺度上(图 2.19)，20 世纪 60—80 年代偏少，呈逐年代递减态势，90 年代至 21 世纪初偏多；20 世纪 80 年代是近 60 年降水最少的 10 年，90 年代和 21 世纪初降水均偏多，21 世纪 10 年代是近 60 年降水最多的 10 年。

从 1961—2021 年西藏年降水量变化趋势空间分布来看(图 2.20)，江孜和日喀则年降水量呈减少趋势，分别为 −2.59 mm/10a 和 −1.99 mm/10a；其他各站均呈增加趋势，增幅为 1.53～22.70 mm/10a，其中，嘉黎增幅最大($P<0.01$)，班戈次之(19.82 mm/10a，$P<$

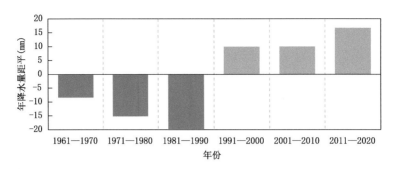

图 2.19　1961—2020 年西藏年降水量的年代际变化

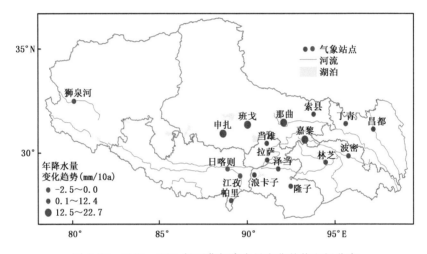

图 2.20　1961—2021 年西藏年降水量变化趋势空间分布

0.001),狮泉河最小;那曲和林芝增幅大于 10.00 mm/10a。

从 1961—2021 年西藏四季降水量变化趋势空间分布来看,各站季降水量变化趋势的表现各不相同。春季降水量在所有站上都表现为增加趋势(图 2.21a),增幅为 0.56~8.45 mm/10a(13 个站 $P<0.05$),其中,丁青增幅最大($P<0.001$),索县次之(8.14 mm/10a,$P<0.001$),狮泉河最小。夏季(图 2.21b),那曲大部、狮泉河、拉萨、浪卡子、隆子和林芝等地降水量呈增加趋势,增幅为 1.39~11.37 mm/10a,增幅以班戈最大($P<0.01$),其次是申扎(9.88 mm/10a,$P<0.05$),隆子最小;其他各站表现为减少趋势,为 -0.36~-9.68 mm/10a,其中,丁青减幅最大,波密次之(-8.80 mm/10a),索县最小。秋季(图 2.21c),降水量趋于减小的站,主要分布在沿雅鲁藏布江一线、南部边缘地区和阿里地区西部,为 -0.42~-3.39 mm/10a(均未通过显著性检验),以日喀则减幅最大,江孜次之,为 -2.60 mm/10a;其他各站降水量呈增加趋势,增幅为 0.57~7.78 mm/10a,以嘉黎增幅最大($P<0.01$),其次是丁青(7.10 mm/10a,$P<0.01$),当雄增幅最小。冬季(图 2.21d),降水量在狮泉河和浪卡子两个站表现微弱的减少趋势,其余各站均表现为增加趋势,但增幅不大,为 0.13~1.58 mm/10a(泽当、那曲、申扎、班戈 $P<0.05$),其中,索县最大,帕里次之(1.48 mm/10a),江孜最小。

1981—2021 年,就西藏全区及 7 个地(市)平均年降水量距平变化趋势(图 2.22)而言,林芝呈减少趋势,平均每 10 年减少 15.87 mm;其余地(市)降水量趋于增加,增幅为 9.59~

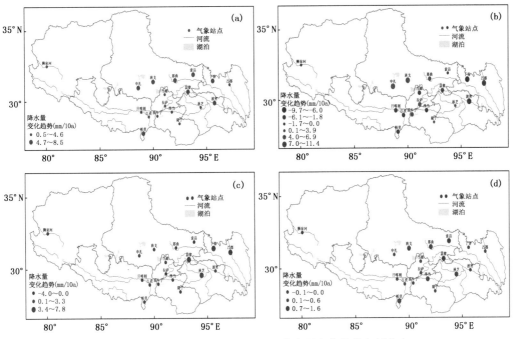

图 2.21 1961—2021 年西藏四季降水量变化趋势空间分布
(a)春季,(b)夏季,(c)秋季,(d)冬季

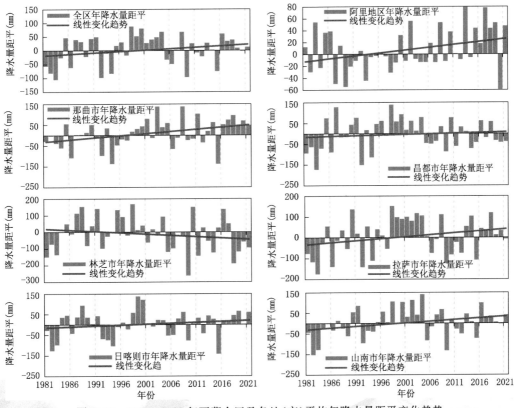

图 2.22 1981—2021 年西藏全区及各地(市)平均年降水量距平变化趋势

20.25 mm/10a,其中,那曲增幅最大(20.25 mm/10a,$P<0.05$),其次是拉萨,为 18.97 mm/10a($P<0.1$);昌都增幅最小,每 10 年仅增加 6.0 mm;阿里地区、山南和日喀则依次为 9.59 mm/10a($P<0.05$)、16.35 mm/10a($P<0.10$)和 8.48 mm/10a。

（2）拉萨站

1952—2021 年,拉萨站年降水量呈增加趋势,平均每 10 年增加 6.49 mm(图 2.23,表 2.13),较 1952—2020 年的增幅(6.89 mm/10a)略偏小,主要表现在春、夏两季。近 41 年(1981—2021 年)年降水量增幅明显,为 29.44 mm/10a($P<0.05$),以夏季增幅最突出。1991 年以来,拉萨年降水量增幅为 8.71 mm/10a,主要因秋季降水量显著减少,抵扣了夏季降水量增加的效应。2021 年,拉萨站年降水量为 438.6 mm,接近常年值。

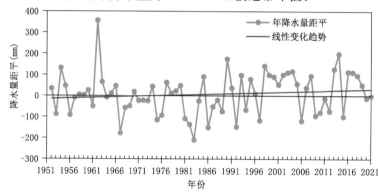

图 2.23　1952—2021 年拉萨年降水量距平变化趋势

表 2.13　拉萨降水量的变化趋势(mm/10a)

时间段(年)	年	春季	夏季	秋季	冬季
1952—2021	6.49	3.24*	2.36	0.93	0.51**
1981—2021	29.44**	5.25*	30.03***	−5.76	0.0
1991—2021	8.71	3.74	18.62*	−13.55**	−0.01

注：*，**，*** 分别表示通过 0.1,0.05,0.01 显著性检验。

（3）昌都站

1953—2021 年,昌都站年降水量总体上呈增加趋势,平均每 10 年增加 1.13 mm(图 2.24,表 2.14),较 1953—2020 年的增幅(1.8 mm/10a)略偏小。近 41 年(1981—2021 年)降水量增幅为 2.43 mm/10a,但近 31 年(1991—2021 年)降水量呈减少趋势,为 −14.50 mm/10a。就四季降水量的变化趋势而言,春季降水量在不同时间段内均表现为增加趋势。近 69 年

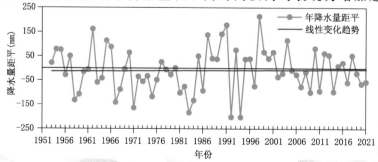

图 2.24　1953—2021 年昌都年降水量距平变化

(1953—2021年)来,夏季降水量总体上趋于减少,特别是近31年(1991—2021年)减幅较大,为—24.44 mm/10a。1953—2021年,秋季降水量呈增加趋势,近31年增幅明显。冬季降水量在近69年(1953—2021年)里呈弱的减少趋势,近41年冬季降水趋于增加态势。2021年,昌都站年降水量为434.2 mm,较常年值偏少55.1 mm。

表2.14 昌都降水量的变化趋势(mm/10a)

时间段(年)	年	春季	夏季	秋季	冬季
1953—2021	1.13	2.23	—3.95	2.91	—0.02
1981—2021	2.43	1.77	—0.53	0.95	0.29
1991—2021	—14.5	1.49	—24.44	7.17	1.40*

注:*分别表示通过0.1显著性检验。

2.1.4.2 降水日数

1961—2021年,西藏降水量≥0.1mm的年降水日数呈微弱减少趋势(图2.25,表2.15),平均每10年减少0.03 d,主要表现在秋季(—0.46 d/10a,$P<0.05$);冬、春两季年降水日数趋于增加。近41年(1981—2021年)西藏年降水日数减少趋势为—0.04 d/10a,主要体现在冬季(—0.62 d/10a);夏季降水日数呈增加趋势,为0.86 d/10a。

2021年,西藏平均年降水日数为109.9 d,比常年值(117.8 d)偏少7.9 d,为1961年以来第十个偏少年份。

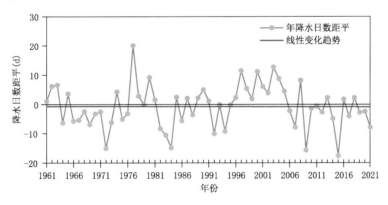

图2.25 1961—2021年西藏年降水日数距平变化趋势

表2.15 西藏降水日数的变化趋势(d/10a)

时间段(年)	年	春季	夏季	秋季	冬季
1961—2021	—0.03	0.66*	—0.28	—0.46	0.05
1981—2021	—0.04	0.33	0.86	—0.57	—0.62**

注:*,**表示通过0.1和0.05显著性检验。

根据1961—2021年西藏各站降水量≥0.1 mm的年降水日数分析发现(图2.26),沿雅鲁藏布江一线、林芝、狮泉河、帕里和隆子表现为减少趋势,为—0.58~—2.80 d/10a,波密减幅最大($P<0.01$),其次是浪卡子,为—1.95 d/10a,隆子减幅最小;其他各站呈增加趋势,增幅为0.48~3.77 d/10a(3个站 $P<0.05$),其中,班戈增幅最大($P<0.01$),那曲次之,为2.62 d/10a($P<0.01$);昌都增幅最小。

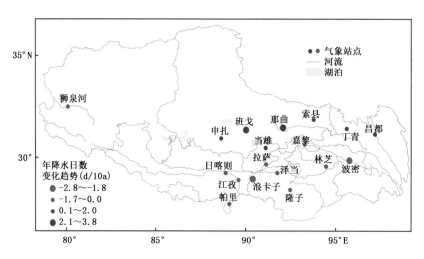

图 2.26 1961—2021 年西藏年降水日数变化趋势空间分布

从 1961—2021 年西藏各站降水量≥0.1mm 的四季降水日数变化趋势空间分布来看,春季(图 2.27a),狮泉河、林芝和波密三个站降水日数表现为减少趋势,分别为−0.24 d/10a、−0.20 d/10a 和−0.01 d/10a;其他各站均呈增加趋势,增幅为 0.06~1.81 d/10a(5 个站 $P<$ 0.05),班戈增幅最大($P<0.01$),那曲次之,为 1.74 d/10a($P<0.01$),隆子增幅最小。夏季(图 2.27b),那曲大部和当雄降水日数趋于增加,增幅为 0.16~1.23 d/10a,班戈增幅最大,申扎次之,为 0.55 d/10a,当雄增幅最小;其他各站均呈减少趋势,为−0.04~−0.30 d/10a,以江孜减幅最大,波密次之(−1.15 d/10a,$P<0.05$),林芝减幅最小。秋季(图 2.27c),降水日

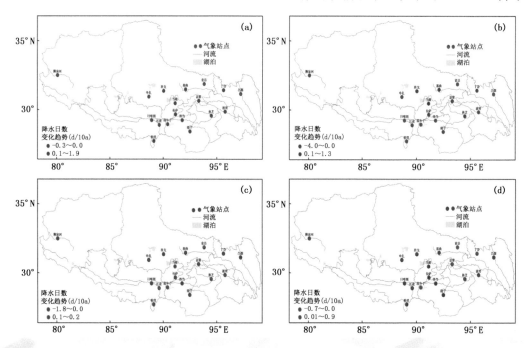

图 2.27 1961—2021 年西藏四季降水日数变化趋势空间分布
(a)春季,(b)夏季,(c)秋季,(d)冬季

数趋于增加的站分布在藏东北部,增幅为 0.06~0.19 d/10a,以那曲增幅最大、索县增幅最小;其他各站均呈减少趋势,为−0.03~−1.73 d/10a(浪卡子和林芝站 $P<0.01$),以浪卡子减幅最大,林芝次之,为−1.22 d/10a,狮泉河减幅最小。冬季(图 2.27d),林芝、狮泉河、浪卡子、嘉黎等地降水日数表现为减少趋势,为−0.01~−0.70 d/10a,以波密减幅最大($P<0.05$),其次是狮泉河,为−0.53 d/10a,林芝减幅最小;其他各站呈增加趋势,增幅为 0.03~0.87 d/10a(班戈和隆子两个站 $P<0.05$),以班戈最大,日喀则最小。

2.1.5　相对湿度

2.1.5.1　年平均相对湿度

1961—2021 年,西藏年平均相对湿度呈"减—增—减"的年际变化趋势(图 2.28)。20 世纪 60 年代至 90 年代初,西藏相对湿度偏小;90 年代中期至 21 世纪最初的 6 年相对湿度偏大,之后相对湿度趋于减小。从线性变化趋势来看,近 61 年(1961—2021 年)西藏年平均相对湿度呈减小趋势(表 2.16),主要是由于夏、秋两季相对湿度减小引起的,减幅分别为 0.84%/10a($P<0.001$)、0.77%/10a($P<0.01$);而近 31 年(1991—2021 年),西藏一年四季平均相对湿度减小趋势更为明显,以冬季和秋季最为明显,分别为−4.52%/10a($P<0.001$)和−3.23%/10a($P<0.001$)。

2021 年,西藏年平均相对湿度为 49%,比常年值偏低 3%,仍处在干燥期,是 1961 年以来与 1972 年、1983 年、1986 年、2007 年、2008 年并列第十三偏低年份。

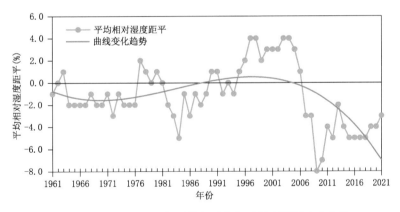

图 2.28　1961—2021 年西藏年平均相对湿度距平变化趋势

表 2.16　西藏平均相对湿度的变化趋势(%/10a)

时间段(年)	年	春季	夏季	秋季	冬季
1961—2021	−0.34	0.26	−0.84***	−0.77**	0.01
1991—2021	−2.78***	−1.14	−2.23***	−3.23***	−4.52***

注:**,***分别表示通过 0.05、0.01 显著性检验。

从 1961—2021 年西藏各站年平均相对湿度变化趋势空间分布来看(图 2.29),申扎、江孜、隆子和丁青 4 个站年平均相对湿度呈增加趋势,增幅为(0.04%~0.25%)/10a,其中,申扎、隆子增幅最大($P<0.1$);其他各站表现为不同程度的减小趋势,平均每 10 年减小 0.17%~1.74%,以拉萨减幅最大($P<0.001$)。

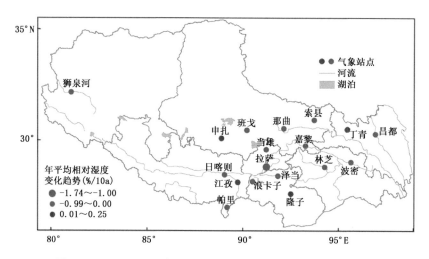

图 2.29　1961—2021 年西藏年平均相对湿度变化趋势空间分布

2.1.5.2　季平均相对湿度

从 1961—2021 年西藏各站四季平均相对湿度变化趋势空间分布来看,春季(图 2.30a),除狮泉河、日喀则、拉萨、昌都、林芝和波密以(−0.02%～−0.92%)/10a 的速度呈减小趋势外,其他站均趋于增大,平均每 10 年增大 0.05%～1.07%,其中,申扎最大($P < 0.05$)。夏季(图 2.30b),各站平均相对湿度均呈减小趋势,为(−0.44%～−2.12%)/10a,以拉萨减幅最大($P < 0.001$),其次是日喀则,为 −1.56%/10a($P < 0.001$)。秋季(图 2.30c),平均相对湿度

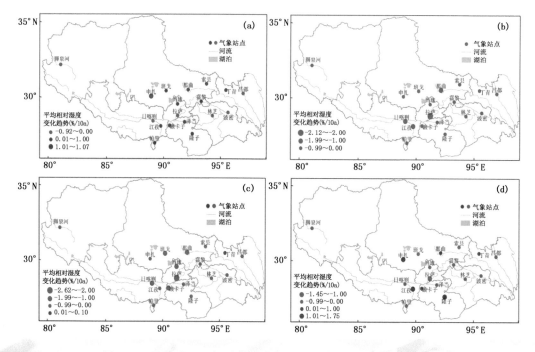

图 2.30　1961—2021 年西藏四季平均相对湿度变化趋势空间分布

(a)春季,(b)夏季,(c)秋季,(d)冬季

仅丁青站趋于增加,为 0.1%/10a;其他各站表现为减小态势,平均每 10 年减小 0.11% ～ 2.62%,以拉萨减幅最大($P<0.001$)。冬季(图 2.30d),那曲、丁青、浪卡子、隆子、申扎和江孜 6 个站相对湿度呈增大趋势,为(0.03% ～ 1.75%)/10a,以江孜增幅最大($P<0.001$);其他各站均趋于减小,为(-0.04% ～ -1.45%)/10a(4 个站 $P<0.05$),以拉萨减幅最大($P<0.001$);其次是班戈,为 -0.88%/10a($P<0.1$)。

2.1.6　平均风速

2.1.6.1　年平均风速

1961—2021 年,西藏年平均风速呈显著减小趋势(图 2.31,表 2.17),平均每 10 年减小 0.06 m/s($P<0.01$)。西藏平均风速变小主要表现在春季,为 -0.10(m/s)/10a($P<0.001$)。不过,近 31 年(1991—2021 年)西藏年平均风速却呈增加趋势,平均每 10 年增加 0.09 (m/s)/10a($P<0.01$);在季节上看,除春季减小外,其他三季都呈增加趋势,尤其是冬季,增幅为 0.14 (m/s)/10a($P<0.001$)。2021 年,西藏年平均风速为 2.4 m/s,比常年值(2.3 m/s)略大,2015—2021 年西藏年平均风速无变化。

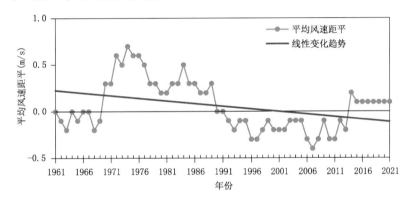

图 2.31　1961—2021 年西藏年平均风速距平变化趋势

表 2.17　西藏平均风速的变化趋势((m/s)/10a)

时间段(年)	年	春季	夏季	秋季	冬季
1961—2021	-0.06**	-0.10***	-0.04*	-0.04*	-0.06*
1991—2021	0.09**	-0.02	0.08*	0.11***	0.14***

注:*,**,***分别表示通过 0.1,0.05 和 0.01 显著性检验。

通过对西藏年平均风速变化趋势空间分布分析(图 2.32),结果表明,近 61 年(1961—2021 年)索县、帕里和昌都 3 个站平均风速呈增加趋势,增幅不大,为 0.01～0.08 (m/s)/10a;班戈、林芝无变化;其他各站表现出减小趋势,为 -0.02～-0.22 (m/s)/10a(9 个站 $P<0.05$),其中,泽当减幅最大($P<0.001$),其次是狮泉河和那曲,均为 -0.14 (m/s)/10a($P<0.001$)。

2.1.6.2　季平均风速

从 1961—2021 年西藏各站四季平均风速变化趋势来看,春季(图 2.33a),帕里和林芝呈增加趋势,帕里为 0.08 (m/s)/10a;其他各站表现为不同程度的减小趋势,为 -0.04～-0.33

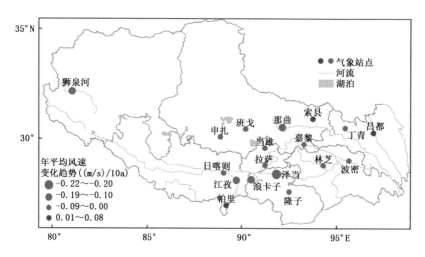

图 2.32　1961—2021 年西藏年平均风速变化趋势空间分布

(m/s)/10a(12 个站 $P<0.05$),泽当减幅最大($P<0.001$),那曲次之,为 -0.23 (m/s)/10a($P<0.001$)。夏季(图 2.33b),平均风速在索县、拉萨、林芝、日喀则和帕里 5 个站趋于增加,为 $0.01\sim0.10$ (m/s)/10a,帕里增幅最大;其他各站表现为减少趋势,平均每 10 年减少 $0.02\sim0.20$ m/s(9 个站 $P<0.05$),泽当减幅最大($P<0.001$),江孜次之,为 -0.09 (m/s)/10a($P<0.001$)。秋季(图 2.33c),帕里、日喀则、班戈、索县和昌都 5 个站呈增加趋势,为 $0.01\sim0.06$ (m/s)/10a(帕里、索县增幅最大);其他各站以每 10 年 $0.02\sim0.20$ m/s 的速度减小(8 个站 $P<0.05$),仍以泽当减幅最大($P<0.001$)。冬季(图 2.33d),平均风速趋于增加的为帕里、班

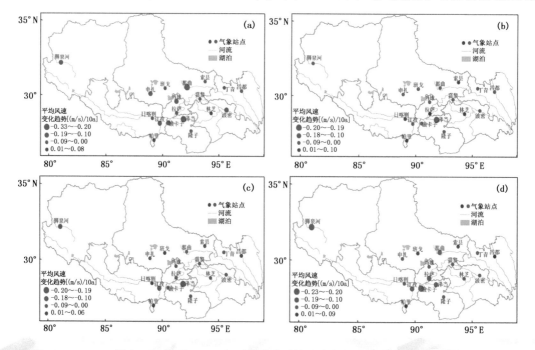

图 2.33　1961—2021 年西藏四季平均风速变化趋势空间分布
(a)春季,(b)夏季,(c)秋季,(d)冬季

戈、索县和昌都 4 个站,增幅为 0.05～0.09 (m/s)/10a(帕里最大、昌都最小);其他各站为减少趋势,为−0.02～−0.23 (m/s)/10a(8 个站 $P<0.05$),浪卡子减幅最大($P<0.001$),其次是狮泉河,为−0.20 (m/s)/10a($P<0.001$)。

2.1.7　积温

2.1.7.1　≥0 ℃初日

1961—2021 年,西藏日平均气温≥0 ℃初日呈显著提早趋势,平均每 10 年提早 3.0 d($P<0.001$,图 2.34a),特别是近 41 年(1981—2021 年)每 10 年提早了 5.2 d($P<0.001$);在不同海拔高度上,初日均表现为提早趋势。其中,海拔 4500 m 以上地区提早趋势最为明显(图 2.34b),平均每 10 年提早 5.8 d($P<0.001$),近 41 年提早更明显,平均每 10 年提早 11.1 d;海拔 3200～4500 m 地区提早趋势为 2.1 d/10a($P<0.001$,图 2.34c);海拔 3200 m 以下地区提早趋势也明显(图 2.34d),平均每 10 年提早 4.6 d($P<0.001$)。

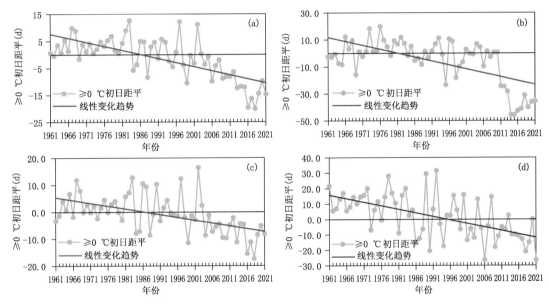

图 2.34　1961—2021 年西藏日平均气温≥0 ℃初日距平变化趋势

(a)全区,(b)海拔 4500 m 以上地区,(c)海拔 3200～4500 m 地区,(d)海拔 3200 m 以下地区

2021 年,西藏日平均气温≥0 ℃初日为 3 月 15 日,较常年值提早 15 d,是 1961 年以来与 2019 年并列第四早的年份。其中,海拔 4500 m 以上地区≥0 ℃初日为 4 月 28 日,较常年偏早 35 d,为 1961 年以来第七早的年份;海拔 3200～4500 m 地区≥0 ℃初日为 3 月 16 日,较常年偏早 8 d;海拔 3200 m 以下地区≥0 ℃初日为 1 月 1 日,较常年偏早 26 d。

从 1961—2021 年西藏日平均气温≥0 ℃初日变化趋势空间分布来看(图 2.35),嘉黎表现为弱的推迟趋势(0.3 d/10a);帕里无变化;其他各站≥0 ℃初日均表现为一致的提早趋势,平均每 10 年提早了 0.4～9.0 d(13 个站 $P<0.05$),以泽当提早得最多,其次是班戈,为−6.5 d/10a($P<0.001$)。

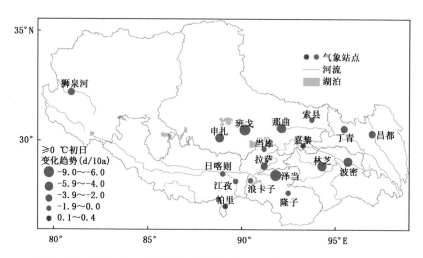

图 2.35　1961—2021 年西藏日平均气温≥0 ℃初日变化趋势空间分布

2.1.7.2　≥0 ℃终日

　　1961—2021 年,西藏日平均气温≥0 ℃终日表现为显著的推迟趋势,平均每 10 年推迟 2.6 d($P<0.001$,图 2.36a)。近 41 年(1981—2021 年)推迟更明显,平均每 10 年推迟 4.5 d($P<0.001$);在不同海拔高度上,≥0 ℃终日都表现为推迟趋势。其中,海拔 4500 m 以上地区推迟最为明显(图 2.36b),平均每 10 年推迟 5.2 d($P<0.001$);海拔 3200～4500 m 地区每 10 年推迟 2.0 d($P<0.001$,图 2.36c);海拔 3200 m 以下地区平均每 10 年推迟 2.7 d($P<0.001$,图 2.36d)。

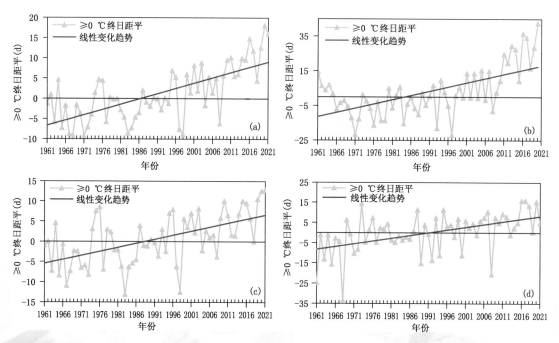

图 2.36　1961—2021 年西藏日平均气温≥0 ℃终日距平变化趋势

(a)全区,(b)海拔 4500 m 以上地区,(c)海拔 3200～4500 m 地区,(d)海拔 3200 m 以下地区

2021 年,西藏日平均气温≥0 ℃终日为 11 月 17 日,较常年值偏晚 16 d,为 1961 年以来第二晚的年份。其中,海拔 4500 m 以上地区≥0 ℃终日为 10 月 25 日,较常年偏晚 36 d,为 1961 年以来第三晚的年份;海拔 3200～4500 m 地区≥0 ℃终日为 11 月 17 日,较常年值偏晚 14 d,为 1961 年以来最晚的年份;海拔 3200 m 以下地区≥0 ℃终日为 12 月 20 日,较常年值偏晚 5 d,为 1961 年以来与 2010 年、2015 年并列第十九晚的年份。

从 1961—2021 年西藏日平均气温≥0 ℃终日变化趋势空间分布来看(图 2.37),浪卡子略有提早趋势(－0.3 d/10a),其他各站≥0 ℃终日都呈推迟趋势,平均每 10 年推迟 0.5～6.9 d(12 个站 $P<0.05$),泽当推迟最多,其次是那曲,为 6.3 d/10a($P<0.001$)。

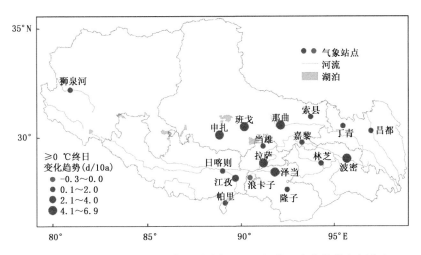

图 2.37　1961—2021 年西藏日平均气温≥0 ℃终日变化趋势空间分布

2.1.7.3　≥0 ℃持续日数

1961—2021 年,西藏日平均气温≥0 ℃持续日数呈显著延长趋势,平均每 10 年延长 5.6 d($P<0.001$,图 2.38a),尤其是近 41 年(1981—2021 年)每 10 年延长了 9.7 d($P<0.001$);在不同海拔高度上,≥0 ℃持续日数均表现为显著的延长特征。其中,海拔 4500 m 以上地区延长趋势最为明显(图 2.38b),平均每 10 年延长 11.0 d($P<0.001$),特别是近 41 年延长趋势达 20.9 d/10a($P<0.001$);海拔 3200～4500 m 地区延长趋势为 4.1 d/10a($P<0.001$,图 2.38c);海拔 3200 m 以下地区平均每 10 年延长 7.3 d($P<0.001$,图 2.38d)。

2021 年,西藏日平均气温≥0 ℃持续日数为 248 d,较常年值延长了 31 d,是 1961 年以来第二长的年份。其中,海拔 4500 m 以上地区≥0 ℃持续日数为 181 d,较常年偏长 71 d,是 1961 年以来第五长的年份;海拔 3200～4500 m 地区≥0 ℃持续日数为 247 d,较常年偏长 22 d;海拔 3200 m 以下地区≥0 ℃持续日数为 354 d,较常年偏长 31 d。

从 1961—2021 年西藏日平均气温≥0 ℃持续日数变化趋势空间分布来看(图 2.39),各站≥0 ℃持续日数均呈延长趋势,平均每 10 年延长 0.2～15.9 d(72% 的站 $P<0.05$),其中,泽当延长率最高($P<0.001$),其次是那曲,为 12.0 d/10a($P<0.001$)。林芝延长率为 5.7～8.9 d/10a,昌都北部延长率为 3.8～4.6 d/10a,那曲延长率为 0.2～12.0 d/10a,沿雅鲁藏布江一线延长率为 0.2～15.9 d/10a。近 41 年(1981—2021 年),各站≥0 ℃持续日数显著延长;各站延长率为 2.2～27.4 d/10a,仍以泽当延长的最多($P<0.001$),其次是班戈,为 22.5 d/10a

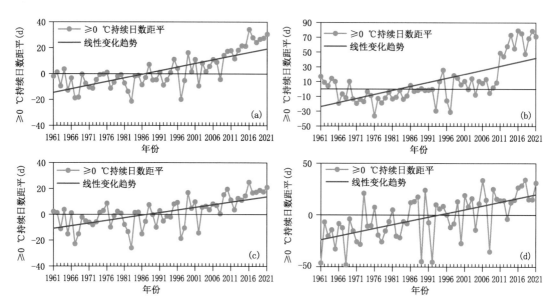

图 2.38　1961—2021 年西藏日平均气温≥0 ℃持续日数距平变化趋势

(a)全区,(b)海拔 4500 m 以上地区,(c)海拔 3200～4500 m 地区,(d)海拔 3200 m 以下地区

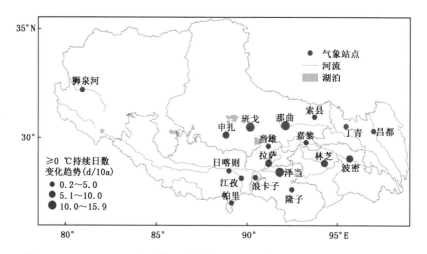

图 2.39　1961—2021 年西藏日平均气温≥0 ℃持续日数变化趋势空间分布

($P<0.001$);那曲中西部、拉萨、泽当、江孜和波密延长率在 10.0 d/10a 以上。

2.1.7.4　≥0 ℃积温

1961—2021 年,西藏日平均气温≥0 ℃活动积温呈明显增加趋势(图 2.40a),平均每 10 年增加 65.1 ℃·d,尤其是近 41 年(1981—2021 年)增幅达 87.1 ℃·d/10a。在不同海拔高度上,增加特征趋同存异,其中,海拔 4500 m 以上地区平均每 10 年增加 54.6 ℃·d(图 2.40b);海拔 3200～4500 m 地区增幅为 61.7 ℃·d/10a(图 2.40c);海拔 3200 m 以下地区增加幅度最明显,为 101.2 ℃·d/10a(图 2.40d)。这表明,≥0 ℃积温的增幅在低海拔地区比高海拔地区明显。

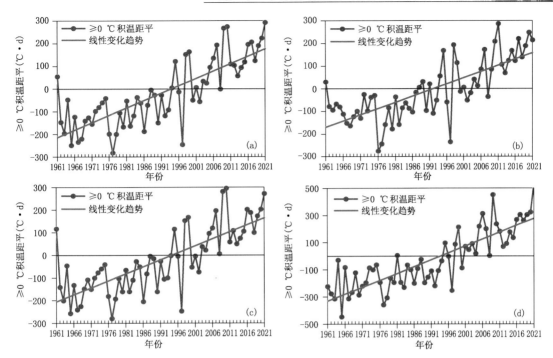

图 2.40　1961—2021 年西藏日平均气温≥0 ℃积温距平变化趋势

(a)全区,(b)海拔 4500 m 以上地区,(c)海拔 3200～4500 m 地区,(d)海拔 3200 m 以下地区

2021 年,西藏日平均气温≥0 ℃活动积温为 2371.8 ℃·d,较常年值偏高 292.6 ℃·d,是 1961 年以来第一个偏高年份。其中,海拔 4500 m 以上地区≥0 ℃活动积温为 1392.9 ℃·d,较常年值偏高 214.4 ℃·d,是 1961 年以来第四个偏高年份;海拔 3200～4500 m 地区≥0 ℃活动积温为 2369.9 ℃·d,较常年值偏高 271.9 ℃·d,是 1961 年以来第三个偏高年份;海拔 3200 m 以下地区≥0 ℃活动积温为 3852.4 ℃·d,较常年值偏高 544.7 ℃·d,是 1961 年以来第一偏高年份。

从 1961—2021 年西藏日平均气温≥0 ℃积温变化趋势空间分布来看(图 2.41),各站均表现为增加趋势,增幅为 18.6～152.0 ℃·d/10a(17 个站 $P<0.01$),以拉萨增幅最大,其次是

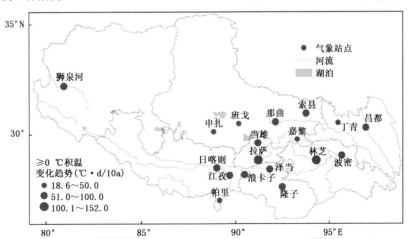

图 2.41　1961—2021 年西藏日平均气温≥0 ℃积温变化趋势空间分布

林芝,为 105.5 ℃·d/10a。其中,增幅大于 50.0 ℃·d/10a 的地区主要分布在沿雅鲁藏布江一线、林芝、阿里地区西部和那曲中东部。近 41 年(1981—2021 年)各站≥0 ℃积温增加得更明显,增幅为 41.1~184.4 ℃·d/10a(17 个站 $P<0.001$),其中,狮泉河、日喀则、拉萨、林芝和波密增幅在 100.0 ℃·d/10a 以上,拉萨增幅最大。

2.2 极端气候事件指数

气候变化的影响多通过极端气候事件反映出来,而极端气候与气候平均状态的变化存在差异,这决定了极端气候事件具有独特的研究价值。不断变化的气候可导致极端天气和气候事件的发生频率、强度、空间范围和持续时间发生变化,并能导致前所未有的极端天气和气候事件。气温和降水作为最基本的气象要素,其极值的变化情况直接影响到自然系统,而高温热浪、致洪暴雨等灾害性极端气温或降水事件更是直接影响到人类社会生产生活的各个方面,所以研究极端气温和极端降水具有重要的理论和实际意义。极端气候事件指数是描述极端事件的重要指标,本公报利用 WMO 定义的极端气候指数(Peterson et al.,2001),通过 RClimDex 软件计算了西藏 20 个极端气候指数,以揭示其近 61 年(1961—2021 年)的变化规律,力求为当地应对气候变化、防灾减灾提供参考,为评估未来气候变化的影响提供基础资料。

2.2.1 极端最高气温和最低气温

1961—2021 年,西藏年极端最高气温(图 2.42a)和极端最低气温(图 2.42b)均呈明显升高趋势,平均每 10 年分别升高 0.22 ℃($P<0.001$)和 0.57 ℃($P<0.001$)。

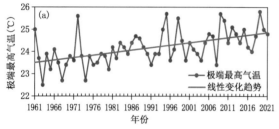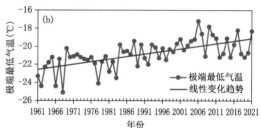

图 2.42 1961—2021 年西藏年极端最高气温(a)和极端最低气温(b)变化趋势

2021 年,西藏年极端最高气温出现在昌都,为 31.6 ℃(出现在 7 月 25 日);极端最低气温出现在改则,为 -39.5 ℃(出现在 12 月 31 日)。1 月 13 日定日(14.8 ℃)日最高气温超历史同期极大值;2 月 27 日拉孜(18.8 ℃)、班戈(10.8 ℃)、索县(14.6 ℃)、当雄(17.4 ℃)、尼木(19.9 ℃)、浪卡子(16.9 ℃)、2 月 28 日拉孜(19.0 ℃)、比如(16.9 ℃)、索县(15.6 ℃)、昌都(22.0 ℃)、墨竹工卡(21.1 ℃)日最高气温均超历史同期极大值;9 月 19 日聂拉木日最高气温为 19.6 ℃超历史同期极大值;10 月 1 日错那(15.0 ℃)、波密(26.2 ℃)、米林(25.5 ℃)、察隅(30.1 ℃)日最高气温均超历史同期极大值;12 月 4 日波密日最高气温为 17.1 ℃超历史同期极大值。2 月 8 日尼木日最低气温为 -19.3 ℃、10 月 29 日普兰日最低气温为 -10.0 ℃,均创历史同期极小值。

根据 1961—2021 年西藏年极端最高气温和最低气温变化趋势空间分布分析发现,极端最

高气温(图 2.43a)在所有站均表现为升高趋势,升幅为 0.05～0.49 ℃/10a(12 个站 $P<0.05$),升幅以拉萨最大($P<0.001$)、浪卡子最小。极端最低气温在隆子、申扎站趋于下降,其他各站都呈上升趋势(图 2.43b),平均每 10 年升高 0.01～1.49 ℃(14 个站 $P<0.05$),其中,那曲升幅最大($P<0.001$),其次是班戈(1.39 ℃/10a,$P<0.001$),林芝升温幅度最小。

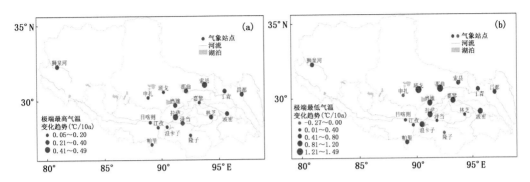

图 2.43　1961—2021 年西藏年极端最高气温(a)和极端最低气温(b)变化趋势空间分布

2.2.2　最高气温极小值和最低气温极大值

1961—2021 年,西藏年最高气温极小值(图 2.44a)和最低气温极大值(图 2.44b)都表现为明显升高趋势,平均每 10 年分别升高 0.22 ℃($P<0.05$)和 0.34 ℃($P<0.001$)。近 41 年(1981—2021 年),西藏年最高气温极小值和最低气温极大值升温幅度更明显,升温率分别为 0.37 ℃/10a($P<0.05$)和 0.45 ℃/10a($P<0.001$)。

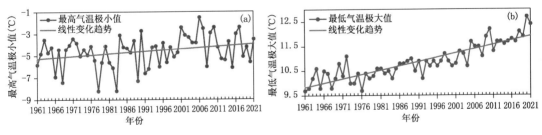

图 2.44　1961—2021 年西藏年最高气温极小值(a)和最低气温极大值(b)变化趋势

2021 年,西藏最高气温极小值为 −3.5 ℃,较常年值偏高 0.9 ℃,为 1961 年以来并列第十三个偏高年份;最低气温极大值为 12.4 ℃,较常年值偏高 1.5 ℃,为 1961 年以来第二个高值年份。

从线性变化趋势空间分布来看,近 61 年(1961—2021 年)西藏年最高气温极小值(图 2.45a)在江孜、嘉黎 2 个站表现为降低趋势,均降低 0.03 ℃/10a;其余各站都趋于上升,升幅为 0.01～0.67 ℃/10a(7 个站 $P<0.05$),以那曲升幅最大($P<0.001$)。年最低气温极大值在所有站均表现为升高趋势(图 2.45b),升幅为 0.12～0.72 ℃/10a(各站 $P<0.05$),以拉萨升幅最大($P<0.001$),当雄次之(0.54 ℃/10a,$P<0.001$),嘉黎最小。

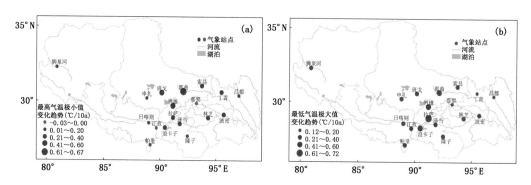

图 2.45　1961—2021 年西藏年最高气温极小值(a)和最低气温极大值(b)变化趋势空间分布

2.2.3　暖昼日数和冷昼日数

1961—2021 年,西藏年暖昼日数呈显著增加趋势(图 2.46a),增幅为 3.87 d/10a($P<$ 0.001),近 41 年(1981—2021)增幅为 4.9 d/10a($P<$0.001);而年冷昼日数呈明显减少趋势(图 2.46b),平均每 10 年减少 3.9 d($P<$0.001),近 40 年尤为明显,为 -6.2 d/10a($P<$0.001)。

2021 年,西藏年暖昼日数为 52.5 d,较常年值偏多 16.6 d,为 1961 年以来第六个偏多年份;年冷昼日数为 22.8 d,较常年值偏少 13.3 d,为 1961 年以来第八个偏少年份。

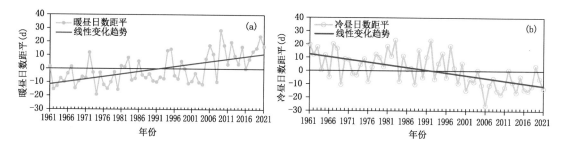

图 2.46　1961—2021 年西藏年暖昼日数(a)和冷昼日数(b)距平变化趋势

从 1961—2021 年西藏年暖昼日数和冷昼日数变化趋势空间分布来看,所有站的年暖昼日数均呈增加趋势(图 2.47a),增幅为 0.8~6.7 d/10a(16 个站 $P<$0.05),以拉萨增幅最大($P<$ 0.001),当雄次之(5.8 d/10a,$P<$0.001),嘉黎和帕里增幅最小。而年冷昼日数在各站都呈减

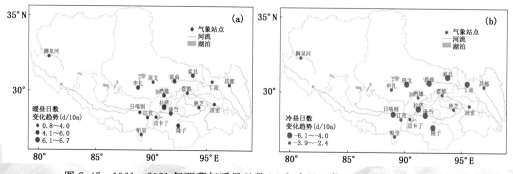

图 2.47　1961—2021 年西藏年暖昼日数(a)和冷昼日数(b)变化趋势空间分布

少趋势(图 2.47b),为 -6.1~-2.4 d/10a(各站 P<0.05),以拉萨减幅最大(P<0.001),泽当次之(-5.5 d/10a,P<0.001),浪卡子减幅最小。近 41 年(1981—2021 年)年暖昼日数增加趋势较为明显,增幅为 2.6~7.5 d/10a(各站 P<0.05),增幅以当雄最大、帕里最小;年冷昼日数减少趋势也更突出,减幅为 8.1~4.8 d/10a(各站 P<0.001),减幅以索县最大、江孜和林芝最小。

2.2.4　暖夜日数和冷夜日数

1961—2021 年,西藏年暖夜日数表现出显著的增加趋势(图 2.48a),增幅为 7.3 d/10a(P<0.001),近 41 年(1981—2021 年)增幅更为明显,达 10.6 d/10a(P<0.001);而年冷夜日数呈明显减少趋势(图 2.48b),平均每 10 年减少 5.2d(P<0.001),近 41 年(1981—2021 年)减幅为 5.4 d/10a(P<0.001)。

2021 年,西藏平均年暖夜日数为 69.2 d,较常年值偏多 33.9 d,为 1961 年以来第二个偏多年份;平均年冷夜日数为 23.1 d,较常年值偏少 12.9 d,是 1961 年以来第四个偏少年份。

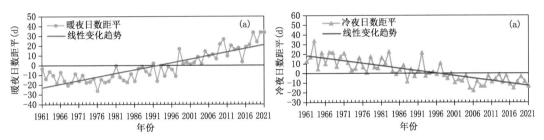

图 2.48　1961—2021 年西藏年暖夜日数(a)和冷夜日数(b)距平变化趋势

根据 1961—2021 年西藏年暖夜日数和冷夜日数变化趋势空间分布分析,结果显示,各站年暖夜日数呈显著增加趋势(图 2.49a),增幅为 3.7~11.9 d/10a(各站 P<0.001),以拉萨增幅最大,林芝次之(10.7 d/10a),嘉黎增幅最小;近 41 年(1981—2021 年)大部分站增幅更明显,增幅为 5.1~15.9 d/10a(P<0.001),以波密增幅最大。近 61 年(1961—2021 年),年冷夜日数在所有站都表现为一致的减少趋势(图 2.49b),平均每 10 年减少 0.4~11.5 d(16 个站 P<0.01),以拉萨减幅最大(P<0.001),其次是那曲(-10.1 d/10a,P<0.001),隆子减幅最小。

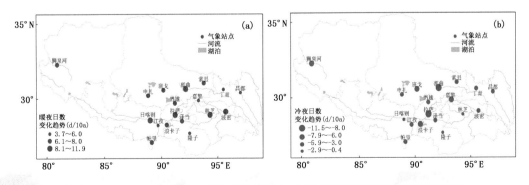

图 2.49　1961—2021 年西藏年暖夜日数(a)和冷夜日数(b)变化趋势空间分布

2.2.5 霜冻日数和结冰日数

1961—2021年,西藏年平均霜冻日数(图2.50a)和结冰日数(图2.50b)均表现为显著减少趋势,平均每10年分别减少5.1d($P<0.001$)和2.9d($P<0.001$);近41年(1981—2021年)霜冻日数和结冰日数的减少幅度更大,分别达到-6.7 d/10a($P<0.001$)和-4.5 d/10a($P<0.001$)。

2021年,西藏平均年霜冻日为177.8 d,较常年值偏少23.1 d,是1961年以来第一个偏少年份;年结冰日数为19.9 d,较常年值偏少11.7 d,是1961年以来第三个偏少年份。

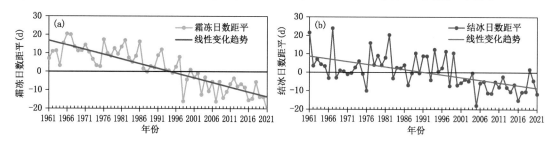

图2.50 1961—2021年西藏年平均霜冻日数(a)和结冰日数(b)距平变化趋势

从1961—2021年西藏年霜冻日数和结冰日数变化趋势空间分布来看,年霜冻日数在各站都表现为减少趋势(图2.51a),平均每10年减少1.9~9.6 d(各站$P<0.001$),以拉萨减幅最大,那曲次之(-0.89 d/10a),隆子减幅最小。年结冰日数(图2.51b)在林芝、隆子、波密和泽当4个站基本无变化;其他各站均表现为减少趋势,为0.0~-6.6 d/10a(10个站$P<0.05$),以班戈减幅最大($P<0.001$),那曲次之(-6.0 d/10a,$P<0.001$),昌都、拉萨减幅最小。近41年(1981—2021年),绝大部分站年霜冻日数减少趋势明显,减幅为-2.8~-11.8 d(10个站$P<0.01$),其中那曲减幅最大($P<0.001$),其次是拉萨(-11.2 d/10a,$P<0.001$)。年结冰日数波密站基本无变化,其他各站减少趋势更明显。

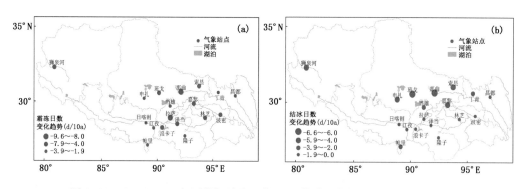

图2.51 1961—2021年西藏年霜冻日数(a)和结冰日数(b)变化趋势空间分布

2.2.6 生长季长度

1961—2021年,西藏年平均生长季长度呈明显延长趋势(图2.52),平均每10年延长4.1 d($P<0.001$),尤其是近41年(1981—2021年)生长季长度延长趋势明显,为4.3 d/10a($P<$

0.001)。

2021 年,西藏平均年生长季长度为 199.1 d,较常年值略偏多 8.8 d,是 1961 年以来并列第九个偏多年份。

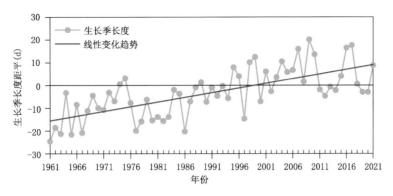

图 2.52　1961—2021 年西藏年平均生长季长度距平变化趋势

从 1961—2021 年西藏年生长季长度变化趋势空间分布来看(图 2.53),除嘉黎基本无变化外,其他各地均呈延长趋势,平均每 10 年延长 1.1~11.3 d(15 个站 $P < 0.05$),以拉萨延长幅度最大($P < 0.001$),其次是泽当(8.5 d/10a,$P < 0.001$),帕里最小。近 31 年(1991—2021年),日喀则、隆子、浪卡子、索县、泽当和丁青 6 个站年生长季长度表现为弱的缩短趋势,平均每 10 年缩短 0.2~2.3 d(隆子缩短最多);其他大部分站年生长季长度仍趋于延长,平均每 10 年延长 0.9~9.6 d,以狮泉河最大($P < 0.001$),拉萨次之,5.9 d/10a($P < 0.001$),嘉黎最小。

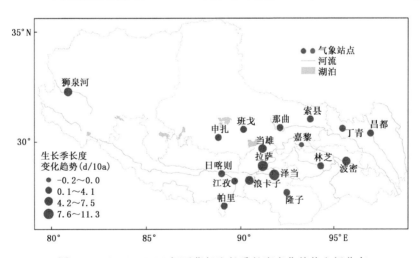

图 2.53　1961—2021 年西藏年生长季长度变化趋势空间分布

2.2.7　1 日最大降水量和连续 5 日最大降水量

1961—2021 年,西藏 1 日最大降水量(图 2.54a)和连续 5 日最大降水量(图 2.54b)都表现为较弱的增加趋势,增幅分别为 0.34 mm/10a 和 0.65 mm/10a。近 31 年(1991—2021 年)两者增幅明显,平均每 10 年分别增加 1.34 mm($P < 0.05$)和 2.71 mm($P < 0.05$)。

2021 年,西藏平均 1 日最大降水量为 31.1 mm,比常年值偏多 3.5 mm。西藏平均连续 5

日最大降水量为 66.9 mm,比常年值偏多 7.6 mm。其中,嘉黎 1 月 30 日降水量为 10.8 mm、泽当 2 月 11 日 18.6 mm、波密 3 月 21 日 45.5 mm、普兰 4 月 24 日 24.7 mm、狮泉河 5 月 20 日 19.0 mm、班戈 5 月 27 日 42.5 mm、申扎 5 月 28 日 22.7 mm、林芝 10 月 22 日 36.1 mm、比如 12 月 4 日 9.2 mm,均创历史同期 1 日最大降水量。

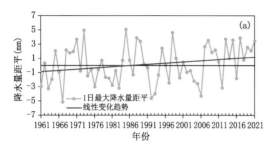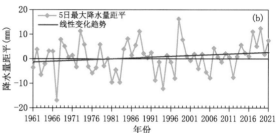

图 2.54　1961—2021 年西藏 1 日最大降水量(a)和连续 5 日最大降水量(b)距平变化趋势

从 1961—2021 年西藏 1 日最大降水量和连续 5 日最大降水量变化趋势空间分布来看,67%站的 1 日最大降水量为增加趋势(图 2.55a),增幅为 0.39～1.12 mm/10a,班戈增幅最大($P<0.05$);其余各站均趋于减少,平均每 10 年减少 0.04～1.02 mm,以当雄减幅最大($P<0.1$)。72%站的连续 5 日最大降水量呈增加趋势(图 2.55b),增幅为 0.17～2.90 mm/10a(申扎和隆子 $P<0.01$),以波密增幅最大;其余各站均为减小趋势,为 −0.03～−1.61 mm/10a,其中,丁青减幅最大。

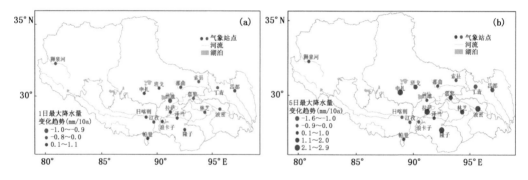

图 2.55　1961—2021 年西藏 1 日最大降水量(a)和连续 5 日最大降水量(b)变化趋势空间分布

2.2.8　降水强度

1961—2021 年,西藏平均年降水强度呈弱的增加趋势(图 2.56),平均每 10 年增大 0.05 mm/d;近 31 年(1991—2021 年)降水强度增大趋势明显,为 0.13(mm/d)/10a。

2021 年,西藏年降水强度为 6.60 mm/d,比常年值(5.83 mm/d)略偏大 0.77 mm/d。其中,波密降水强度最大,为 9.2 mm/d;其次是林芝,为 8.8 mm/d。

从 1961—2021 年西藏年降水强度变化趋势空间分布来看(图 2.57),67%站的降水强度趋于增大,平均每 10 年增大 0.02～0.21 mm/d,其中,拉萨增幅最显著($P<0.01$);日喀则、狮泉河无变化;其余各站降水强度均表现为减小趋势,为 −0.01～−0.13(mm/d)/10a,以当雄减幅最大($P<0.05$)。

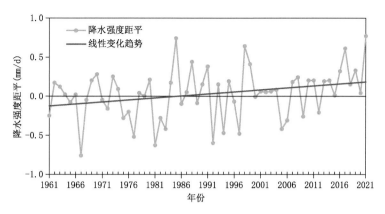

图 2.56　1961—2021 年西藏平均年降水强度距平变化趋势

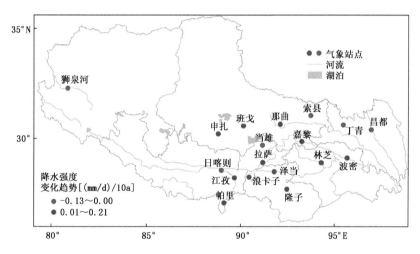

图 2.57　1961—2021 年西藏年降水强度变化趋势空间分布

2.2.9　中雨日数和大雨日数

1961—2021 年,西藏平均年中雨日数呈增加趋势(图 2.58a),增幅为 0.36 d/10a($P<$ 0.05);平均年大雨日数表现为弱的增加趋势(图 2.58b),为 0.10 d/10a。

2021 年,西藏平均年中雨日数为 14.61 d,较常年值偏多 1.5 d,为 1961 年以来第 16 偏多年份;平均年大雨日数为 4.33 d,较常年值略偏多 1.8 d,是 1961 年以来第 1 偏多年份。

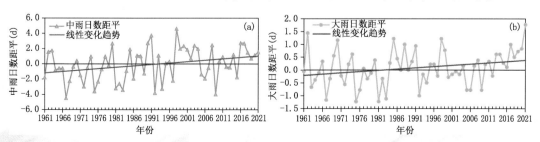

图 2.58　1961—2021 年西藏平均年中雨日数(a)和大雨日数(b)距平变化趋势

从变化趋势空间分布来看,近61年(1961—2021年)83%站的年中雨日数趋于增多(图2.59a),增幅为0.01~1.58 d/10a,以波密最大(P<0.01);当雄、江孜和日喀则3个站年中雨日数表现为减少趋势,平均每10年减少0.10~0.35 d,其中,当雄减幅最大。年大雨日数(图2.59b)67%的站表现为增多趋势,增幅为0.03~0.49 d/10a,仍以波密最大;昌都无变化;其余各地年大雨日数呈减少趋势,为−0.01~−0.12 d/10a,其中日喀则减幅最大。

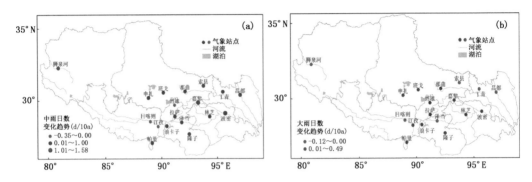

图2.59　1961—2021年西藏年中雨日数(a)和年大雨日数(b)变化趋势空间分布

2.2.10　连续干旱日数和连续湿润日数

1961—2021年,西藏平均年连续干旱日数呈显著减少趋势(图2.60a),平均每10年减少3.8 d(P<0.01);平均年连续湿润日数呈弱的增加趋势(图2.60b),增幅为0.04 d/10a。但近31年(1991—2021年)西藏年连续干旱日数呈弱的减少趋势,为−0.56 d/10a;年连续湿润日数趋于减少,为−0.23 d/10a。

2021年,西藏平均年连续干旱日数为67.9 d,较常年值(104.0 d)偏少36.1 d,为1961年以来最少年份;平均年连续湿润日数为8.2 d,较常年值(8.6 d)偏少0.4 d,是1961年以来并列第23个偏少年份。

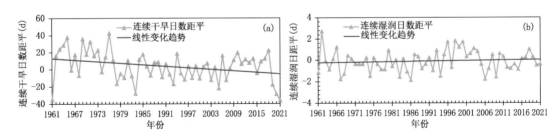

图2.60　1961—2021年西藏平均年连续干旱日数(a)和连续湿润日数(b)距平变化趋势

从变化趋势空间分布来看,近61年(1961—2021年)83%的站年连续干旱日数呈减少趋势(图2.61a),平均每10年减少0.06~9.7 d,以申扎减幅最大(P<0.01),其次是隆子,为−5.93 d/10a(P<0.1);其余各站均表现为增加趋势,增幅为0.15~0.73 d/10a,以狮泉河增幅最大。年连续湿润日数(图2.61b)67%的站表现为增加趋势,增幅为0.03~0.51 d/10a,其中,嘉黎增幅最大(P<0.01);其他各站均呈减少的变化特征,为−0.04~−0.41 d/10a,以帕里减幅最大。而近31年(1991—2021年)61%的站年连续干旱日数趋于增加,增幅为0.29~

12.48 d/10a,以当雄增幅最大,索县次之,为 10.76 d/10a($P<0.05$);61%的站年连续湿润日数呈减少趋势,为 $-0.04\sim-1.8$ d/10a,以林芝减幅最大,波密次之,为 -1.78 d/10a($P<0.01$)。

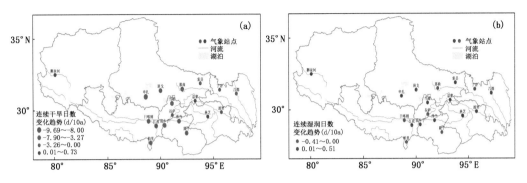

图 2.61 1961—2021 年西藏年连续干旱日数(a)和连续湿润日数(b)变化趋势空间分布

2.2.11 强降水量和极强降水量

1961—2021 年,西藏平均年强降水量(图 2.62a)和极强降水量(图 2.62b)都表现为增加趋势,增幅分别为 3.74 mm/10a($P<0.05$)和 1.58 mm/10a($P<0.05$)。近 31 年(1991—2021 年),西藏平均年强降水量和极强降水量增加趋势更为明显,平均每 10 年分别增加 11.05 mm($P<0.001$)和 5.75 mm($P<0.001$)。

2021 年,西藏平均年强降水量为 144.49 mm,较常年值偏多 57.39 mm,为 1961 年以来第一个偏多年份;平均年极强降水量为 51.39 mm,较常年值偏多 26.34 mm,是 1961 年以来第一个偏多年份。

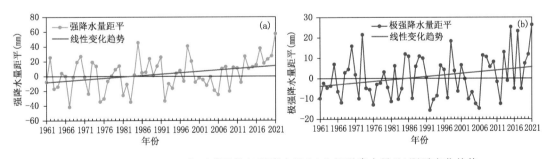

图 2.62 1961—2021 年西藏平均年强降水量(a)和极强降水量(b)距平变化趋势

从变化趋势空间分布来看,近 61 年(1961—2021 年)72%的站年强降水量趋于增多(图 2.63a),增幅为 $0.84\sim13.19$ mm/10a,以波密增幅最大,拉萨次之(8.35 mm/10a,$P<0.05$);其他 5 个站均呈减少趋势,平均每 10 年减少 $0.17\sim2.54$ mm,其中,丁青减幅最大。年极强降水量(图 2.63b)83%的站表现为增多态势,增幅为 $0.01\sim7.69$ mm/10a,以林芝增幅最大($P<0.05$,特别是近 31 年(1991—2021 年),增幅达 21.25 mm/10a;丁青次之(16.00 mm/10a,$P<0.01$);其他 3 个站均呈减少趋势,平均每 10 年减少 $2.26\sim6.64$ mm(索县最小,申扎最大)。

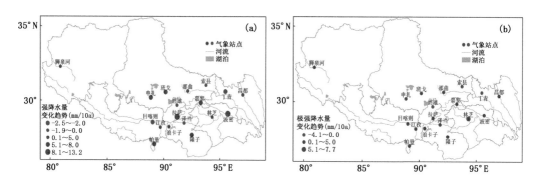

图2.63　1961—2021年西藏年强降水量(a)和年极强降水量(b)变化趋势空间分布

2.3　天气现象

2.3.1　霜

1961—2021年,西藏平均年霜日数呈明显增加趋势(图2.64),平均每10年增加2.23 d。20世纪60年代至80年代中期霜日数偏少,80年代后期至90年代霜日数偏多,进入21世纪后以振荡减少为其年际变化特征。近31年(1991—2021年)年霜日数表现为显著的减少趋势,为-20.32 d/10a($P<0.001$)。

2021年,西藏平均年霜日数为11 d,较常年值(124 d)偏少113 d,是1961年以来最少年份。

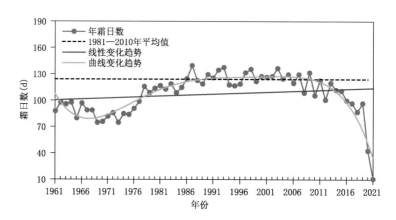

图2.64　1961—2021年西藏平均年霜日数变化趋势

从1961—2021年西藏年霜日数变化趋势空间分布来看(图2.65),拉萨、班戈、索县、帕里、狮泉河、日喀则、波密、丁青8个站年霜日数均表现为减少趋势,为$-1.59\sim-21.62$ d/10a,以拉萨减幅最大($P<0.001$),班戈次之(-10.81 d/10a,$P<0.001$),波密减幅最小;其他各站年霜日数均呈增加趋势,增幅为$3.01\sim18.46$ d/10a,以当雄增幅最大($P<0.001$),其次是隆子(15.38 d/10a,$P<0.001$),米林增幅最小。近31年(1991—2021年)年霜日数各站均呈减少

趋势,为 $-0.17 \sim -40.31$ d/10a,以索县减幅最大($P<0.001$),江孜次之,为 -36.57 d/10a($P<0.001$),申扎减幅最小。

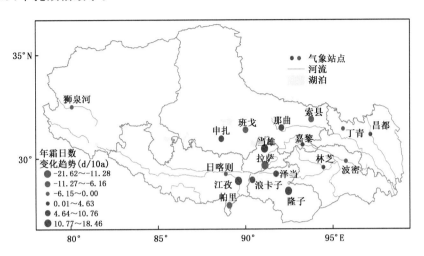

图 2.65　1961—2021 年西藏年霜日数变化趋势空间分布

2.3.2　冰雹

1961—2021 年,西藏平均年冰雹日数呈明显减少趋势(图 2.66),平均每 10 年减少 2.09 d($P<0.001$),特别是近 31 年(1991—2021 年)减幅更为明显,为 -3.23 d/10a($P<0.001$)。20世纪 60 年代中期至 80 年代初为西藏冰雹高发期,以 70 年代最多;90 年代以来明显减少。

2021 年,西藏平均年冰雹日数为 0.7 d,较常年值(10.3 d)偏少 -9.6 d,是 1961 年以来的最少年份。

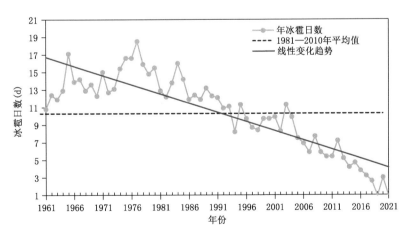

图 2.66　1961—2021 年西藏平均年冰雹日数变化趋势

从 1961—2021 年西藏年冰雹日数变化趋势空间分布来看(图 2.67),各站年冰雹日数均表现为减少趋势,为 $-0.19 \sim -5.3$ d/10a,以申扎减幅最大($P<0.001$),浪卡子次之(-4.23 d/10a,$P<0.001$),波密减幅最小。近 31 年(1991—2021 年)大部分站年冰雹日数减少趋势更为明显,其中,班戈为 -11.44 d/10a($P<0.001$),申扎为 -8.49 d/10a($P<0.001$)。

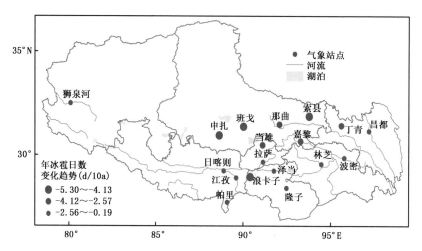

图 2.67　1961—2021 年西藏年冰雹日数变化趋势空间分布

2.3.3　大风

1965—2021 年,西藏平均年大风日数呈明显减少趋势(图 2.68),平均每 10 年减少 9.03 d (P<0.001)。20 世纪 60 年代中后期至 80 年代为西藏大风多发期,90 年代以来明显减少。

2021 年,西藏平均年大风日数为 31 d,较常年值(46 d)偏少 15 d,为 1965 年以来并列第五个偏少年份。

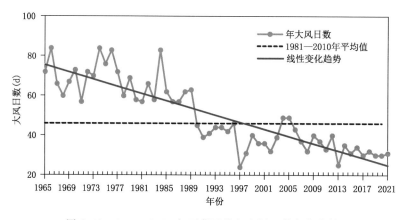

图 2.68　1965—2021 年西藏平均年大风日数变化趋势

从 1965—2021 年西藏平均年大风日数变化趋势空间分布(图 2.69)来看,78% 的站年大风日数均呈减少趋势,为 −0.33～−27.86 d/10a,以狮泉河减幅最大(P<0.001),其次是泽当(−25.69 d/10a,P<0.001),波密减幅最小。班戈、申扎、索县和帕里 4 个站表现为增加趋势,增幅为 0.71～7 d/10a,其中,索县增幅最大(P<0.05),帕里次之(4.95 d/10a,P<0.01),班戈增幅最小。近 31 年(1991—2021 年)83% 的站年大风日数呈减少趋势;平均每 10 年减少0.57～13.39 d,以索县减幅最大,其次是那曲(−13.21 d/10a,P<0.001),当雄减幅最小。申

扎、嘉黎、帕里呈增加趋势,增幅为 2.94~14.71 d/10a,其中,申扎增幅最大($P<0.001$)。

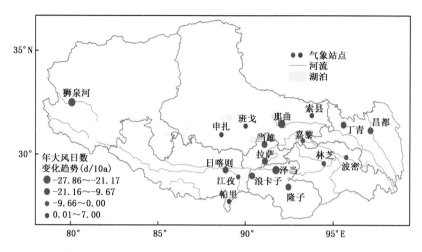

图 2.69　1965—2021 年西藏年大风日数变化趋势空间分布

2.3.4　沙尘暴

1961—2021 年,西藏年沙尘暴日数呈显著减少趋势(图 2.70),平均每 10 年减少 1.2 d($P<$ 0.001)。20 世纪 70 年代中期至 80 年代初为沙尘暴频发期,90 年代初以后明显减少,尤其是 2004 年以来减少得更为明显,最多有 1~2 d,其中,2014—2021 年,除那曲、隆子外,其他各站连续 8 年没有出现过沙尘暴。

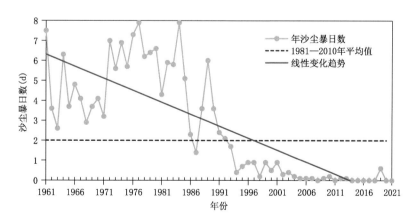

图 2.70　1961—2021 年西藏年沙尘暴日数变化趋势

从 1961—2021 年西藏年沙尘暴日数变化趋势空间分布来看(图 2.71),近 61 年(1961—2021 年)各站均表现为减少趋势,其中,林芝、嘉黎、波密减幅较小,不足 0.10 d/10a;其他各站平均每 10 年减少 0.11~4.23 d,以申扎减幅最大($P<0.001$),泽当次之(-3.7 d/10a,$P<$ 0.001),索县减幅最小。

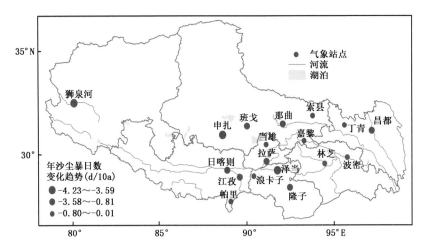

图 2.71　1961—2021 年西藏年沙尘暴日数变化趋势空间分布

第3章　西藏自治区冰雪圈的变化

冰雪圈是指水分以冻结状态(雪和冰)存在的地球表层的一部分,它由雪盖、冰盖、冰川、多年冻土及浮冰(海冰、湖冰和河冰)组成。冰雪圈以高反照率、高冷储、巨大相变潜热、强大的冷水大洋驱动,以及显著的温室气体源汇作用而对全球和区域气候系统施加着强烈的反馈作用,是气候系统五大圈层之一。

冰雪圈由于对气候的高度敏感性和重要的反馈作用,是影响全球和区域气候变化的重要因子,也是对全球气候变化最为敏感的一个圈层。青藏高原是中国冰雪圈分布最广的区域,冰雪圈面积达 160 万 km²,占中国冰雪圈总面积的 70%。受气候变化和人类活动的影响,冰雪圈变化的气候效应、环境效应、资源效应、生态效应、灾害效应和社会效应日趋显著,对未来生态与环境安全和社会经济发展等将产生广泛和深刻的影响(姚檀栋 等,2013,1992;康尔泗,1996)。本章从西藏自治区冰川、积雪和冻土的监测出发,揭示了冰雪圈气候变化的观测事实,对综合分析冰雪圈主要成员变化的强度、模式和速率及其影响具有重要意义。

3.1　冰川

以青藏高原为中心的冰川群是中国乃至整个亚洲高原冰川的核心。根据第一次中国冰川编目资料统计(米德生 等,2002;蒲健辰 等,2004;施雅风 等,2000),青藏高原中国境内有现代冰川 36793 条,冰储量约为 4561.39 km³,分别占中国冰川总条数的 79.5%、冰川总面积 49873.44 km² 的 84.0% 和冰储量的 81.6%。这些冰川大多集中分布在高原南缘的喜马拉雅山、西部的喀喇昆仑山和北部的昆仑山西段等山系。由于全球变暖,青藏高原冰川自 20 世纪 90 年代以来呈全面、加速退缩趋势(姚檀栋 等,2004;2007;施雅风 等,2006;陈锋 等,2009;Yao et al. ,2012)。

西藏冰川(雪)主要分布在冈底斯山脉、喜马拉雅山脉、念青唐古拉山脉、昆仑山脉及藏东南等地区(图 3.1),冰川(雪)区域距离较近的主要居民点分布在国道318、349、558、109、219、564 和省道303公路沿线。由于目前遥感技术手段无法区别冰川和常年积雪,本年报中将冰川与常年积雪一并处理。

3.1.1　羌塘高原冰川分布

3.1.1.1　申扎杰岗日冰川

申扎杰岗日冰川位于西藏自治区申扎县西南部(30°29′~30°53′N,88°25′~88°42′E,图3.2),最高峰甲岗峰海拔 6444 m,共有冰川 133 条,面积约 87 km²,其中,以悬冰川数量最多,

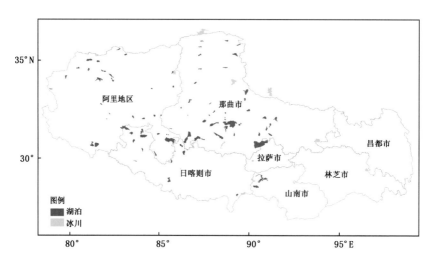

图 3.1　西藏自治区冰川分布

共 106 条,面积 38 km²,较大的冰川为甲岗峰南的扎嘎冰川,朝向东,长 3.6 km,面积 3.47 km²,末端海拔 5380 m,粒雪线海拔 5700 m。岗清万弄冰川是该山最大的冰川,长 4.1 km,面积 4.26 km²,冰舌末端海拔 5630 m,冰川融水哺育了申扎河两岸大片的沼泽,汇入格仁错。

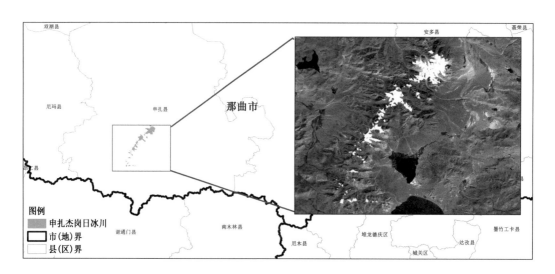

图 3.2　申扎杰岗日冰川位置示意图

利用 1976 年、1989 年和 2000—2021 年多源卫星遥感数据分析(图 3.3),申扎杰岗日冰川平均面积为 80.50 km²,冰川面积变化总体呈减少趋势,平均每年减少约 1.38 km²,呈极显著性检验($P<0.001$)。

2021 年较 1976 年,申扎杰岗日冰川面积减少 48.15 km²,达 40.78%。

从提取的 24 年(1976 年、1989 年和 2000—2021 年)多源卫星遥感数据对申扎杰岗日冰川空间变化分析来看(图 3.4),冰川山脉西坡方向及其南部零碎冰川有明显的减少现象。

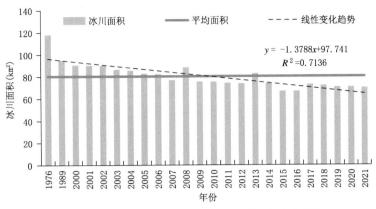

图 3.3　1976—2021 年申扎杰岗日冰川面积变化趋势

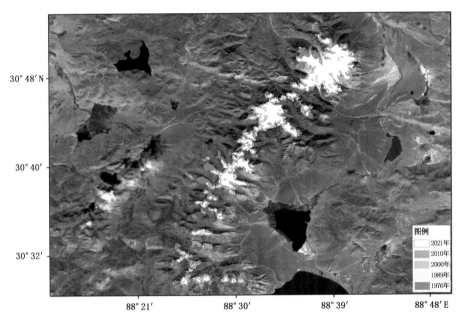

图 3.4　1976—2021 年申扎杰岗日冰川空间变化

3.1.1.2　藏色岗日冰川

藏色岗日冰川位于西藏阿里地区改则县古姆乡境内(34°15′~34°29′N,85°47′~85°57′E,图 3.5);主峰海拔 6460 m,雪线高度 5700~5940 m。位于羌塘高原中北部,属于羌塘国家级自然保护区,该地区是目前世界上高寒生态系统尚未遭受破坏的最完好地区。

利用 1977 年、1984 年、1991 年、1993 年、1996 年和 2000—2021 年多源卫星遥感数据分析(图 3.6),藏色岗日冰川平均面积为 203.60 km²,冰川面积变化整体呈减少趋势,平均每年减少约 0.33 km²,呈极显著水平($P<0.01$)。

2021 年较 1977 年,藏色岗日冰川面积减少 14.50 km²,达 6.74%。

从提取的 27 年(1977 年、1984 年、1991 年、1993 年、1996 年和 2000—2021 年)多源卫星遥感数据对藏色岗日冰川空间变化分析来看(图 3.7),冰川北部和东南部的冰舌处退缩明显。

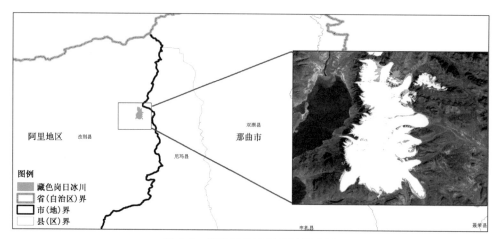

图 3.5　藏色岗日冰川位置示意图

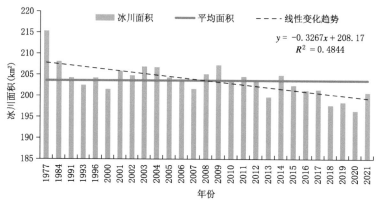

图 3.6　1977—2021 年藏色岗日冰川面积变化趋势

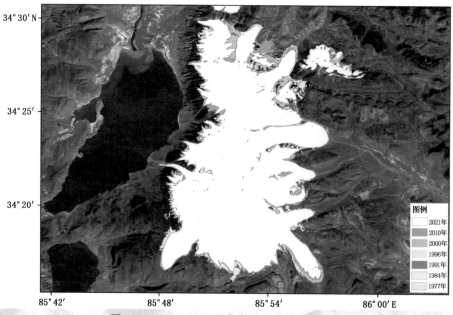

图 3.7　1977—2021 年藏色岗日冰川空间变化

第3章　西藏自治区冰雪圈的变化

3.1.1.3　普若岗日冰川

普若岗日冰川位于西藏那曲市($33°43'\sim34°02'$N,$89°00'\sim89°18'$E),是藏北高原最大的由数个冰帽型冰川组合成的大冰原(图 3.8)。冰川覆盖面积 42258 km^2,冰储量为 525153 km^3。冰川雪线海拔 5620~5860 m,是世界上最大的中低纬度冰川,也被确认为世界上除南极、北极以外最大的冰川(蒲健辰 等,2002;Su et al.,2002;井哲帆 等,2003;拉巴 等,2016)。

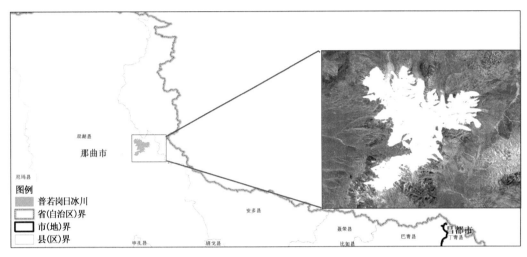

图 3.8　普若岗日冰川位置示意图

利用 1976 年、1984 年、1992 年、1996 年和 2000—2021 年多源卫星遥感数据分析(图 3.9),普若岗日冰川平均面积为 411.08 km^2,冰川面积变化整体呈波动减少趋势,平均每年减少约 1.04 km^2,其中,2021 年冰川面积达到最低(390.41 km^2)。

2021 年较 1976 年,普若岗日冰川面积减少 45.16 km^2,达 0.37%。

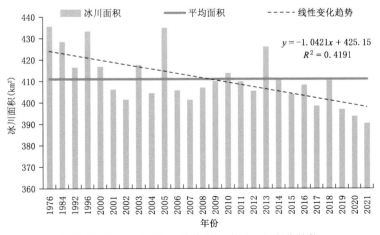

图 3.9　1976—2021 年普若岗日冰川面积变化趋势

从提取的 26 年(1976 年、1984 年、1992 年、1996 年和 2000—2021 年)多源卫星遥感数据对普若岗日冰川空间变化分析来看(图 3.10),冰川四周均处于退缩状态。其中,除位于冰川西部偏北和南部变化不明显以外,其他区域退缩较明显。

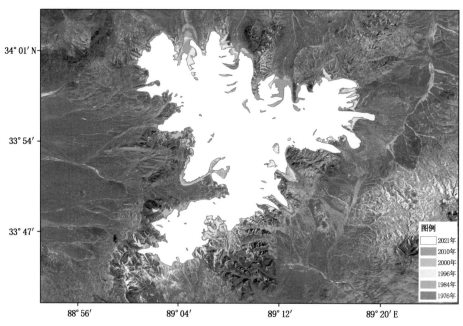

图 3.10　1976—2021年普若岗日冰川空间变化

3.1.2　喜马拉雅山脉冰川分布

3.1.2.1　杰马央宗冰川及冰湖

杰马央宗冰川位于西藏日喀则市仲巴县和阿里地区普兰县交界处（30°11′～30°15′N，82°07′～82°14′E，图 3.11）。发源于喜马拉雅山北麓的杰马央宗曲，是雅鲁藏布江的正源。据考察，杰马央宗地区有 116 km² 面积被冰川和永久积雪覆盖。该区域地势高寒，海拔 5590 m，地形平坦，周围是险峻的高山，条条冰川横在山谷之间。刘晓尘等（2011）实测得到冰川长 8.2 km，面积 20.67 km²，垭口海拔 5750 m，冰川末端海拔 5035 m。

图 3.11　杰马央宗冰川位置示意图

利用 1987 年、1992 年、1996 年、1998 年和 2000—2021 年多源卫星遥感数据分析(图 3.12,图 3.13),杰马央宗冰川平均面积为 19.26 km²,平均每年减少约 0.14 km²,面积变化呈退缩趋势,达极显著性检验($P<0.01$);冰川末端冰湖平均面积为 1.14 km²,冰湖变化呈增大趋势,平均每年增加约 0.02 km²。

2021 年较 1987 年,杰马央宗冰川面积减少 4.02 km²,达 18.94%;冰川末端冰湖面积增加 0.58 km²,达 80.56%。

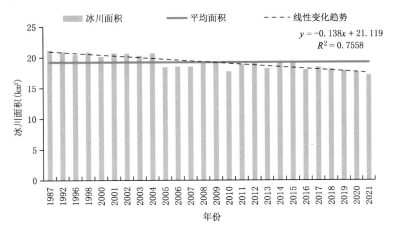

图 3.12　1987—2021 年杰马央宗冰川面积变化趋势

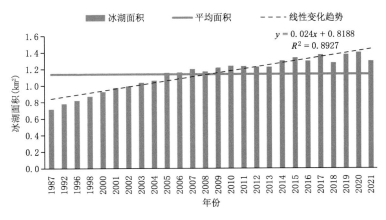

图 3.13　1987—2021 年杰马央宗冰湖面积变化趋势

从提取的 26 年(1987 年、1992 年、1996 年、1998 年和 2000—2021 年)多源卫星遥感数据对杰马央宗冰川及末端冰湖空间变化来看(图 3.14,图 3.15),冰川退缩及冰湖扩张最明显的区域均分布在冰舌处。

3.1.2.2　冲巴雍曲流域冰川及冰湖

冲巴雍曲是年楚河的支流。位于西藏自治区日喀则市康马县,发源于西藏自治区喜马拉雅山脉中段北麓冰川(图 3.16)。该流域有 13 条冰川,面积最大的冰川为 5O251C0013。该流域有 8 个冰湖,最大的冰湖为冲巴雍错。该区域属高原温带半干旱季风气候区。干湿季分明,夏季雨水集中,温暖湿润,冬季干冷,日照充足,太阳辐射强烈,日温差大而年温差小,无霜期

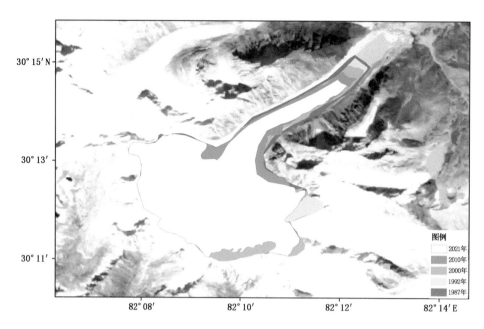

图 3.14 1987—2021 年杰马央宗冰川空间变化

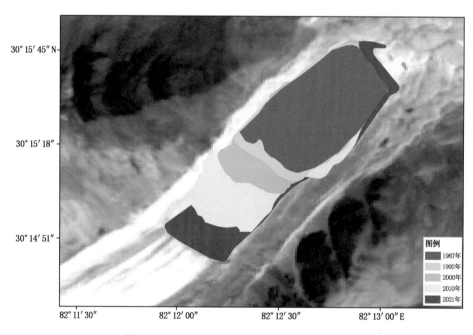

图 3.15 1987—2021 年杰马央宗冰湖空间变化

短,为110 d左右,年日照时数3200 h左右,年降水量300 mm左右。

利用1987年、1989年、1991年、1993年、1997年、2001年、2005年、2007年、2009年、2014年和2018—2021年多源卫星遥感数据分析冲巴雍曲流域冰川和冰湖变化情况,结果表明:流域内冰川平均面积为29.60 km²,冰川面积变化呈减少趋势,平均每年减少约0.61 km²,其中,

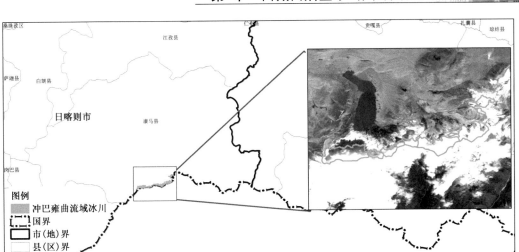

图 3.16　冲巴雍曲流域冰川位置示意图

2021 年达最低(20.9 km², 图 3.17);冰湖平均面积为 14.42 km², 冰湖面积变化呈增加趋势, 平均每年增加 0.02 km², 其中, 1993 年达最高(15.03 km², 图 3.18)。

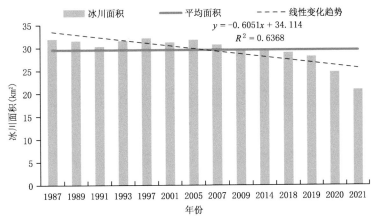

图 3.17　1987—2021 年冲巴雍曲流域冰川面积变化趋势

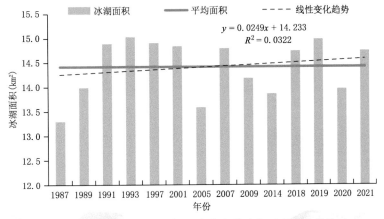

图 3.18　1987—2021 年冲巴雍曲流域冰湖面积变化趋势

2021年较1987年,冲巴雍曲流域冰川面积减少11.10 km²,达34.69%;冰川末端冰湖面积增加1.45 km²,达10.91%。

从提取的27年(1987年、1989年、1991年、1993年、1997年、2000—2021年)多源卫星遥感数据对冲巴雍曲流域冰川及冰湖空间变化来看(图3.19,图3.20),冰川退缩及冰湖扩张较明显的区域均分布在冰舌处。

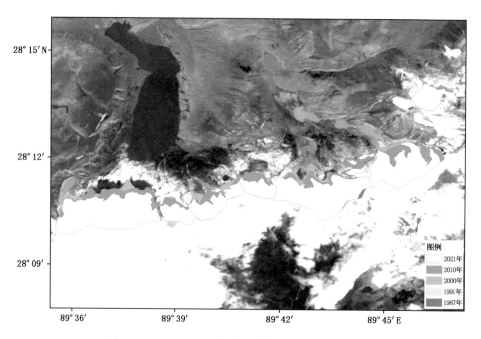

图3.19　1987—2021年冲巴雍曲流域冰川空间变化

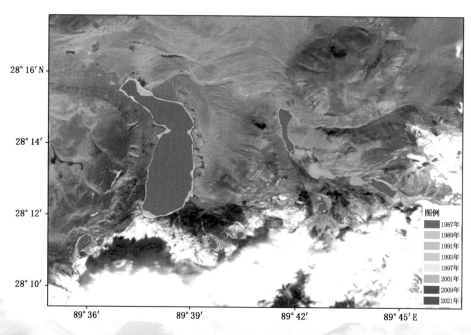

图3.20　1987—2021年冲巴雍曲流域冰湖空间变化

3.1.2.3　枪勇冰川

枪勇冰川位于西藏浪卡子县与江孜县交界处（28°47′～28°53′N，90°11′～90°20′E），坐落于卡若拉冰川南面（图3.21），起源于藏南卡鲁雄峰，最高峰恰羊日康雪山海拔6498 m，共有冰川39条，枪勇冰川平均面积约为33.1 km²。

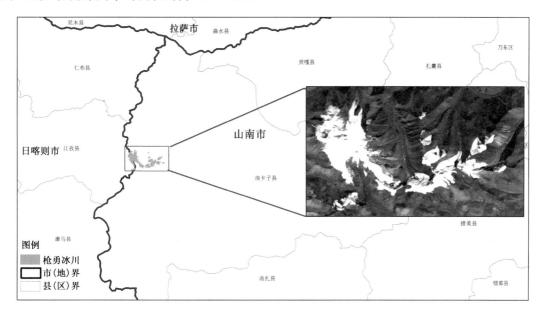

图 3.21　1987—2021 年枪勇冰川位置示意图

利用1987年、1990年、1994年、2000—2021年多源卫星遥感数据分析（图3.22），枪勇冰川平均面积为33.10 km²，冰川面积变化总体呈减少趋势，平均每年减少0.43 km²，达极显著性检验（$P<0.01$），其中，2020年冰川面积达最低值（25.91 km²）。

2021年较1987年，枪勇冰川面积减少7.56 km²，达20.45%。

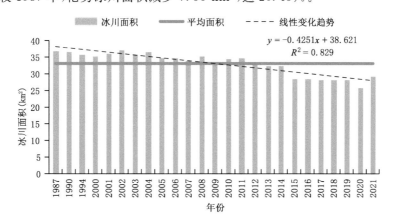

图 3.22　1987—2021 年枪勇冰川面积变化趋势

从提取的25年（1987年、1990年、1994年和2000—2021年）多源卫星遥感数据对枪勇冰川空间变化分析来看（图3.23），冰川周围均有明显的退缩，冰舌处面积退缩最为明显。

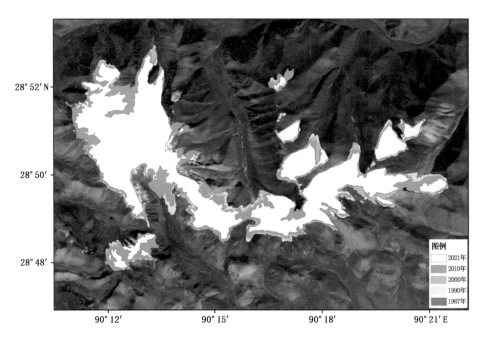

图 3.23　1987—2021 年枪勇冰川空间变化

3.1.2.4　卡若拉冰川

卡若拉冰川位于西藏自治区山南市浪卡子县和日喀则市江孜县交界处（28°54′～28°57′N，90°08′～90°13′E），属大陆性冰川，平均海拔 5042 m，是近南北向展布的宁金岗桑峰的组成部分。冰川上部为一坡度较缓的冰帽，下部为两个呈悬冰川形式的冰舌，东冰舌长 3 km，宽 750 m，西冰舌长 4.5 km，宽 1.5 km，崖壁上有清晰的冰川磨蚀痕迹（图 3.24）。

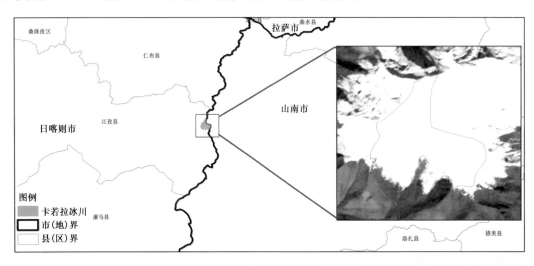

图 3.24　卡若拉冰川位置示意图

利用 1972 年、1976 年、1978 年、1989 年、1999 年和 2000—2021 年多源卫星遥感数据分析（图 3.25），卡若拉冰川平均面积为 9.14 km²，冰川面积变化整体呈减少态势，平均每 10 年减少约 0.07 km²,其中,2010 年冰川面积达最高值(9.60 km²),2002 年达最低值(8.74 km²)。

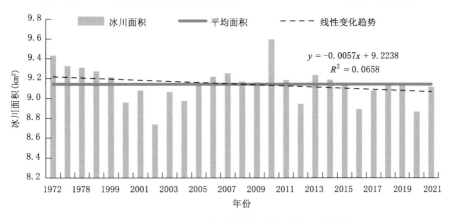

图 3.25　1972—2021 年卡若拉冰川面积变化趋势

2021 年较 1972 年,卡若拉冰川面积减少 0.31 km²,达 3.29%。

从提取的 27 年(1972 年、1976 年、1978 年、1989 年、1999 年和 2000—2021 年)多源卫星遥感数据对卡若拉冰川空间变化来看(图 3.26),冰川末端有明显的消融现象,尤其以南部冰舌区域退缩最为明显。

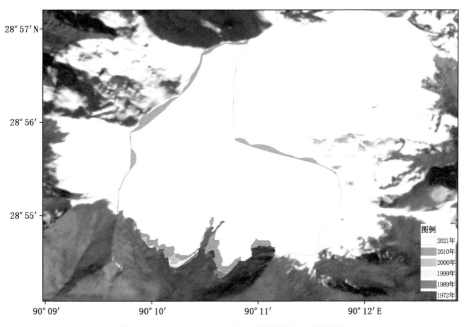

图 3.26　1972—2021 年卡若拉冰川空间变化

3.1.3　藏东南冰川分布

3.1.3.1　米堆冰川及冰碛物

米堆冰川位于藏东南的念青唐古拉山与伯舒拉岭的交界处,西藏林芝市波密县东约 100 km 处(图 3.27),是我国最大季风海洋性冰川的分布区。

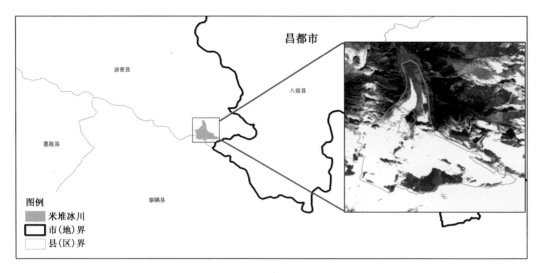

图 3.27 米堆冰川位置示意图

利用 1986 年、1989 年、1990 年、1995 年、1999 年和 2000—2021 年多源卫星遥感数据分析（图 3.28），米堆冰川平均面积为 29.83 km²，冰川面积变化总体呈波动减少态势，平均每年减少 0.07 km²。其中，2009—2012 年冰川面积稍有增长，2013 年以后，冰川面积大幅减少。

2021 年较 1986 年，米堆冰川面积减少 2.09 km²，达 6.84%。

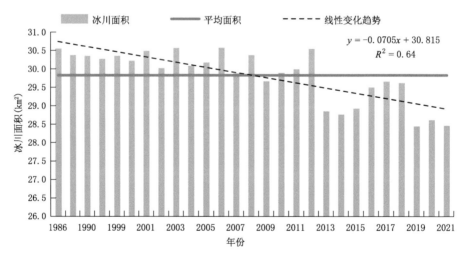

图 3.28 1986—2021 年米堆冰川面积变化趋势

利用 1986 年、1989 年、1990 年、1995 年、1999 年和 2000—2021 年多源卫星数据对米堆冰川末端冰湖进行分析（图 3.29），冰湖平均面积为 0.26 km²，冰湖面积呈明显增大趋势，平均每年增大约 0.01 km²，其中，2021 年达最高（0.54 km²）。

2021 年较 1986 年，米堆冰川末端冰湖面积增加 0.26 km²，达 92.86%。

从提取的 27 年（1986 年、1989 年、1990 年、1995 年、1999 年和 2000—2021 年）多源卫星

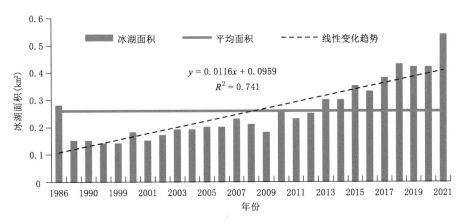

$$y = 0.0116x + 0.0959$$
$$R^2 = 0.741$$

图 3.29　1986—2021 年米堆冰川末端冰湖面积变化趋势

遥感数据对米堆冰川及冰湖空间变化分析来看(图 3.30,图 3.31),冰川末端冰舌处及东部和西部面积退缩明显,同时,有大量的冰碛物。2021 年较 1986 年,冰舌处冰湖面积显著增大。

图 3.30　1986—2021 年米堆冰川空间变化

3.1.3.2　萨普冰川

萨普冰川位于那曲市比如县杨秀乡普宗沟境内,素有"神山之王"之称的主峰是念青唐古拉山东段最高峰,谷大沟深、景色优美,冰川的千年冰雪融化形成了萨普圣湖,湖水清澈、洁净。冰川分布范围在 30°51′~30°59′N,93°42′~93°51′E,覆盖面积 32.64 km²(图 3.32)。

利用 1995 年和 2000—2021 年多源卫星遥感数据分析(图 3.33),萨普冰川平均面积为 31.35 km²,冰川面积变化呈波动减少趋势,平均每年减少约 0.19 km²,其中,2019 年冰川面积达最低(28.89 km²)。

2021年较1995年,萨普冰川面积减少2.33 km²,达7.34%。

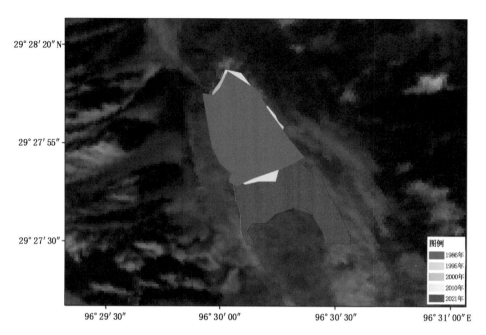

图3.31 1986—2021年米堆冰湖空间变化

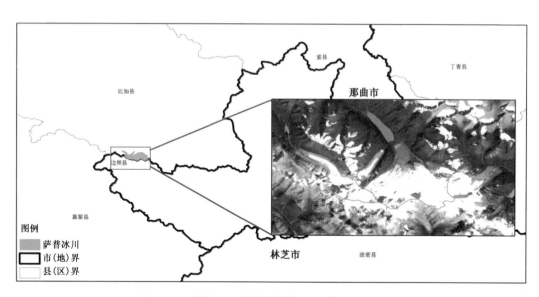

图3.32 萨普冰川位置示意图

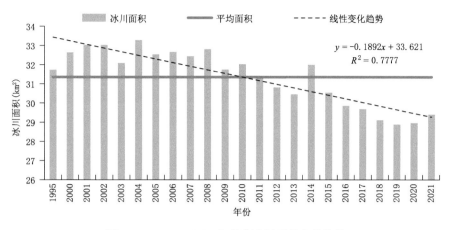

图 3.33　1995—2021 年萨普冰川面积变化趋势

从提取的 23 年(1995 年和 2000—2021 年)多源卫星遥感数据对萨普冰川空间变化分析来看(图 3.34),冰川末端冰舌处面积退缩明显,其他区域变化较小。

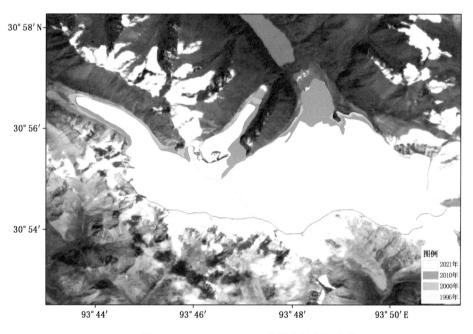

图 3.34　1995—2021 年萨普冰川空间变化

3.2　积雪

全球气候变暖大背景下,作为冰雪圈最为活跃和敏感因子,青藏高原积雪变化备受国内外关注。作为"世界第三极",青藏高原地处北半球中纬度地区,平均海拔 4000 m 以上,是北半球中纬度海拔最高、积雪覆盖最大的地区,成为仅次于南、北两极的全球冰雪圈所在地(Yao et al.,2012)。青藏高原、蒙古高原、欧洲阿尔卑斯山脉及北美中西部是北半球积雪分布关键区,其中,青藏高原是北半球积雪异常变化最强烈的区域(李栋梁 等,2011)。

姚檀栋等(2013)分析认为,过去50年,青藏高原积雪面积总体呈减少趋势,但20世纪80—90年代略有增加。车涛等(2019)分析认为,1980—2018年青藏高原积雪呈下降趋势,尤其在2000年以后积雪覆盖日数和雪深明显下降。除多(2018)分析认为,2000—2014年西藏高原积雪面积呈微弱减少态势,其中,秋、冬两季积雪面积略显上升趋势,春季略有减少,夏季减少趋势显著。

王叶堂等(2007)发现,青藏高原积雪面积总体上表现出冬春季减少,夏秋季增加的趋势。年平均积雪深度在20世纪90年代中期以前为上升趋势,20世纪90年代中后期开始由持续增长转为下降(韦志刚 等,2002;马丽娟 等,2012);白淑英等(2014)通过对被动微波遥感反演的雪深数据分析发现,1979—2010年青藏高原雪深呈显著增加趋势,且以冬季增加最为明显。积雪日数在20世纪60年代至90年代中后期是增加的,之后迅速减少(徐丽娇 等,2010);近30年(1981—2010年)出现了非常显著的减少趋势,其中,冬季减幅最为明显,其次是春季(除多 等,2015)。

西藏积雪主要集中在东部念青唐古拉山脉、南部喜马拉雅山脉等高山区,而在广大的藏北高原、雅鲁藏布江中上游河谷地区和东部三江流域积雪覆盖较少,积雪覆盖频率低于20%。西藏积雪是以季节性积雪为主,且主要发生在冬春季节,常年积雪仅占全区总面积的1‰(图3.35)。

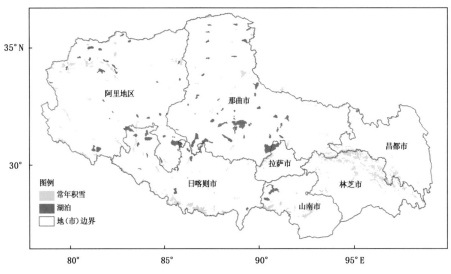

图3.35 西藏自治区常年积雪分布

3.2.1 积雪日数

根据积雪监测表明,近41年(1981—2021年)西藏平均年积雪日数呈明显减少趋势(图3.36a),平均每10年减少4.86 d($P<0.001$)。其中,藏北地区减少幅度较为明显(图3.36b),为-9.49 d/10a($P<0.001$);南部边缘地区也趋于减少(图3.36c),为-9.55 d/10a($P<0.001$)。西藏20世纪80年代至90年代中后期积雪日数偏多,之后至2021年处于偏少期。

2021年,西藏平均年积雪日数为12.2 d,比常年值(29.0 d)偏少18.8 d,是1981年以来第二个偏少年份。其中,藏北地区平均年积雪日数为19.3 d,比常年值(51.3 d)偏少32.0 d,是

1981 年以来第二个偏少年份；南部边缘地区平均年积雪日数为 23.0 d，比常年值（77.0 d）偏少 54.0 d，为 1981 年以来最少偏少年。

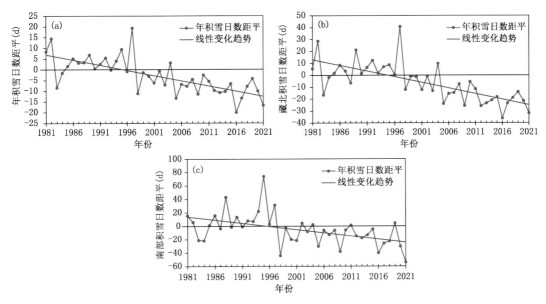

图 3.36　1981—2021 年西藏平均年积雪日数距平变化趋势
（a）全区，（b）藏北地区，（c）南部边缘地区

从 1981—2021 年西藏年积雪日数变化趋势空间分布来看（图 3.37），除隆子站年积雪日数呈微弱的增加趋势（0.03 d/10a）外，其余各站年积雪日数都表现为减少趋势，平均每 10 年减少 0.23～16.61 d（26 个站 P＜0.05），减幅以嘉黎最大（P＜0.001），其次是丁青，为－14.51 d/10a（P＜0.001），拉孜最小。其中，那曲大部、丁青、江孜平均每 10 年减少 10.0 d 以上。

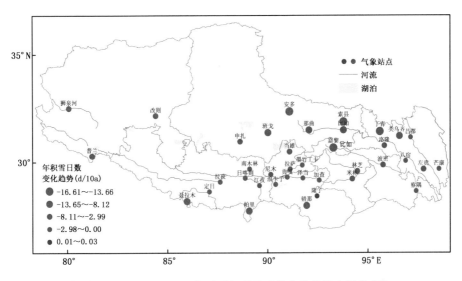

图 3.37　1981—2021 年西藏年积雪日数变化趋势空间分布

3.2.2 最大积雪深度

根据积雪监测表明,近41年(1981—2021年)西藏平均年最大积雪深度呈减小趋势(图3.38a),平均每10年减小0.45 cm。其中,南部边缘地区减幅相对较小(图3.38c),为−0.61 cm/10a;藏北地区呈明显减小趋势(图3.38b),减幅为−0.86 cm/10a($P<0.01$)。

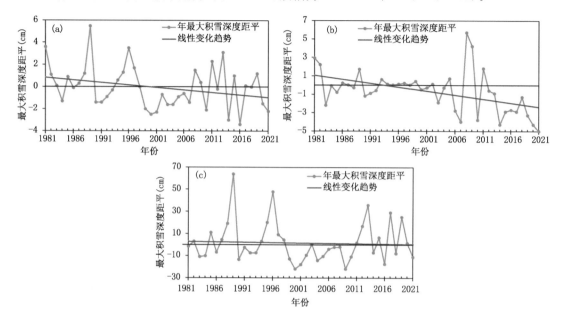

图3.38　1981—2021年西藏平均年最大积雪深度距平变化趋势

(a)全区,(b)藏北地区,(c)南部边缘地区

2021年,西藏平均年最大积雪深度为5.9 m,较常年值(8.1 cm)偏浅2.2 cm,为1981年以来第五个偏浅年份。其中,藏北地区平均年最大积雪深度为3.6 cm,较常年值(8.6 cm)偏浅5.0 cm,为1981年以来最浅年份;南部边缘地区平均年最大积雪深度为24.0 cm,较常年值(35.2 cm)偏浅11.2 cm,为1981年以来第八个偏浅年份。

图3.39给出了1981—2021年西藏平均年最大积雪深度变化趋势空间分布情况,结果显示,平均年最大积雪深度趋于增加的地区分布在阿里南部、日喀则大部、山南南部以及泽当、墨竹工卡、左贡,平均每10年增加0.13~1.17 cm,以错那最大,其次是日喀则(0.75 cm/10a),泽当最小。其他各站年最大积雪深度均呈减小趋势,为−0.02~−2.58 cm/10a,其中,聂拉木减幅最大,嘉黎次之(−2.08 cm/10a,$P<0.05$),贡嘎减幅最小。

3.2.3 积雪覆盖率

2001—2021年,西藏年平均积雪覆盖率变化趋势分布所示(图3.40),积雪主要集中在东部念青唐古拉山脉、南部喜马拉雅山脉、冈底斯山脉和北部的唐古拉山脉地区,积雪覆盖率达到60%以上。而藏北高原、雅鲁藏布江中上游河谷地区和东部三江流域积雪覆盖较少,积雪覆盖率小于10%。

2001—2021年,西藏年积雪覆盖率变化趋势呈微弱增加趋势,增加幅度为0.58%/a。积雪覆盖率变化增加趋势在1.10%/a~1.99%/a,主要分布在藏北高原、雅鲁藏布江中上游河

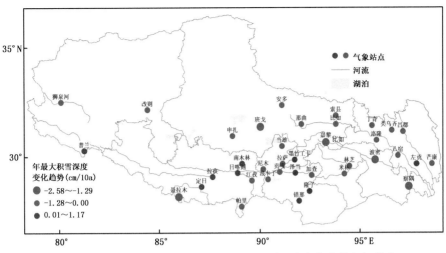

图 3.39　1981—2021 年西藏平均年最大积雪深度变化趋势空间分布

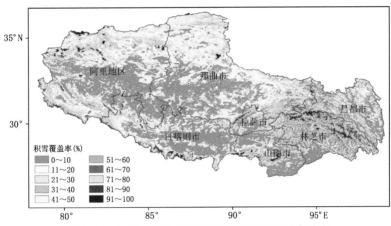

图 3.40　2001—2021 年西藏年平均积雪覆盖率分布

谷地区和东部三江流域。减少趋势在 $-1.99\%/a$ ~ $-0.72\%/a$，分布在阿里北部、林芝和山南南部林区（图 3.41）。

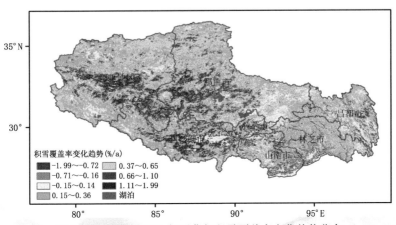

图 3.41　2001—2021 年西藏年积雪覆盖率变化趋势分布

3.2.4 积雪面积

本公报利用近 21 年(2001—2021 年)美国冰雪研究中心制作的 MODIS/EOS 8d 合成积雪产品(MOD10A2),分析了近 21 年西藏年平均积雪面积的变化,结果发现,西藏每年积雪面积都在 15 万 km² 以上,年平均积雪面积约为 22 万 km²,总体来看,近 21 年积雪面积呈增加趋势(图 3.42)。2019 年是 2001 年以来西藏积雪面积最多的年份,2010 年积雪面积最少。

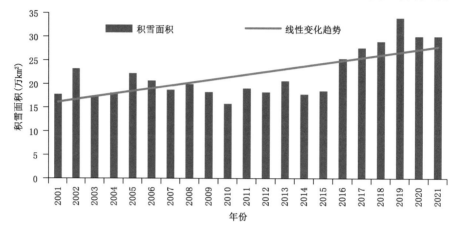

图 3.42 2001—2021 年西藏年平均积雪面积变化趋势

从 2001—2021 年西藏四季积雪面积变化趋势来看(图 3.43),四季积雪面积都表现为增加趋势。春、夏、冬季积雪面积增加趋势尤为突出,积雪面积增幅分别为 6834 km²/a、4865 km²/a 和 7676 km²/a。春、冬季最高值都出现在 2020 年,秋季最高值出现在 2019 年、夏季最高值出现在 2017 年。

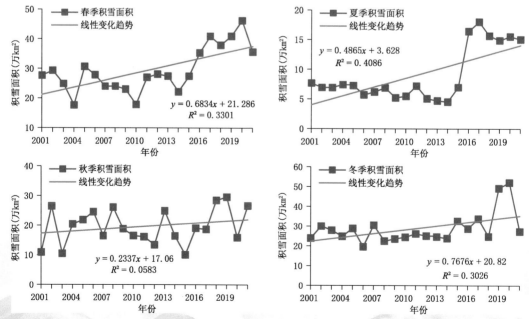

图 3.43 2001—2021 年西藏四季积雪面积变化

3.3 冻土

作为全球最主要的高海拔冻土区,青藏高原现存多年冻土面积约为 126 万 km²,约占高原总面积的 56%(程国栋 等,2013)。其中,高原型冻土作为主体主要发育在青藏高原腹地,而高山型冻土主要发育在其周边的山地,如喜马拉雅山、祁连山、横断山、昆仑山等。近几十年气候变暖是冻土退化的基础因素,人为活动在局部加速了冻土退化。高原冻土在 1976—1985 年基本处于相对稳定状态,1986—1995 年逐渐向区域性退化趋势发展,1996 年至今已演变为加速退化阶段,推测未来几十年内冻土退化仍会保持或加速(程国栋 等,2013)。

3.3.1 最大冻土深度

根据西藏 16 个气象观测站冻土监测记录表明,1961 年以来西藏季节性最大冻土深度呈持续减小趋势,不同海拔地区减小特征趋同存异。其中,海拔 4500 m 以上地区减小趋势最为明显,平均每 10 年减小 16.53 cm($P<0.001$,图 3.44a);海拔 3200~4500 m 地区最大冻土深度趋于减小,为 −4.58 cm/10a($P<0.001$,图 3.44b);海拔 3200 m 以下地区呈弱减小趋势(−0.16 cm/10a,图 3.44c)。近 31 年(1991—2021 年)各海拔高度上最大冻土深度减幅更大,分别为 −29.83 cm/10a($P<0.001$)、−6.16 cm/10a($P<0.001$)和 −0.91 cm/10a($P<0.001$)。

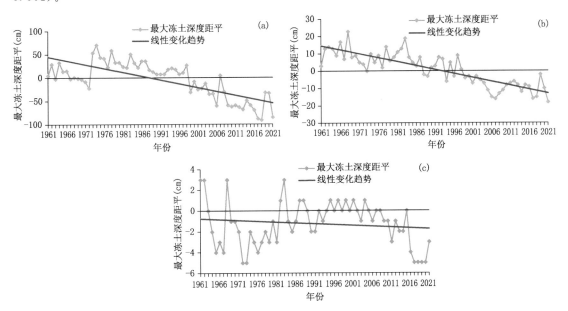

图 3.44 1961—2021 年西藏海拔 4500 m 以上(a)、海拔 3200~4500 m(b)和海拔 3200 m 以下(c)地区最大冻土深度距平变化趋势

2021 年,海拔 4500 m 以上地区最大冻土深度为 160 cm,较常年值减小 85 cm,为 1961 年以来第三个偏浅年份;海拔 3200~4500 m 地区最大冻土深度为 31 cm,较常年值减小 18 cm,为 1961 年以来最浅年份;海拔 3200 m 以下地区最大冻土深度为 7 cm,较常年值偏浅 3 cm,是 1961 年以来第十七个偏浅年份。

图 3.45 给出了 1961—2021 年西藏最大冻土深度变化趋势空间分布情况,从图中可知,近 61 年(1961—2021 年)最大冻土深度仅在林芝站趋于增大,为 0.56 cm/10a(P<0.001);其余各站均呈变浅趋势,平均每 10 年变浅 0.66~33.33 cm(14 个站 P<0.001),其中,安多减幅最大(P<0.001),其次是那曲,为 −21.04 cm/10a(P<0.001),拉萨减幅最小(P<0.05)。近 31 年(1991—2021 年)拉萨、泽当和丁青最大冻土深度呈增加趋势,为 0.65~2.25 cm/10a(丁青最大,泽当最小);其他各站为减小趋势,平均每 10 年变浅 0.73~44.38 cm,以安多减幅最大,变浅率达 −44.38 cm/10a(P<0.001),林芝站也趋于减小,为 −2.15 cm/10a。

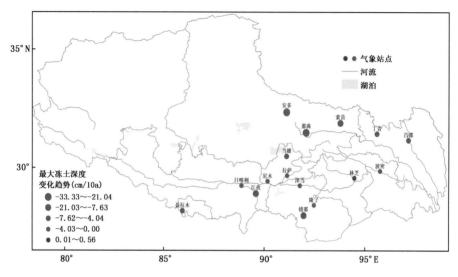

图 3.45 1961—2021 年西藏最大冻土深度变化趋势空间分布

3.3.2 土壤冻结开始日期和终止日期

高荣等(2003)认为,20 世纪 80 年代青藏高原土壤冻结偏早,解冻偏晚,冻结日数偏多;而 90 年代正好相反,冻结偏晚,解冻偏早,冻结日数偏少。土壤冻结开始日期呈偏晚趋势,土壤冻结终止日期呈偏早趋势,土壤冻结总体呈退化趋势。

3.3.2.1 土壤冻结开始日期

根据西藏 16 个气象观测站冻土监测记录表明,近 51 年(1971—2021 年)土壤冻结开始日期在海拔 4500 m 以上地区推迟最为明显,平均每 10 年推迟了 5.53 d(图 3.46a,P<0.001);海拔 3200~4500 m 地区每 10 年推迟 3.0 d(图 3.46b,P<0.001);而海拔 3200 m 以下地区却呈现为提早趋势(图 3.46c),平均每 10 年提早 0.36 d。近 31 年(1991—2021 年)各海拔高度上土壤冻结开始日期都呈偏晚趋势,为 5.90~10.41 d/10a,以 4500 m 以上地区偏晚明显(P<0.001)。

2021 年,海拔 4500 m 以上地区土壤冻结平均开始日期为 11 月 27 日,较常年值偏晚 46 d,是 1971 年以来第二个偏晚年份;海拔 3200~4500 m 地区土壤冻结平均开始日期为 11 月 11 日,较常年值偏晚 18 d,为 1971 年以来第三个偏晚年份;海拔 3200 m 以下地区土壤冻结平均开始日期为 12 月 5 日,较常年值偏晚 17 d,为 1971 年以来第十三个偏晚年份。

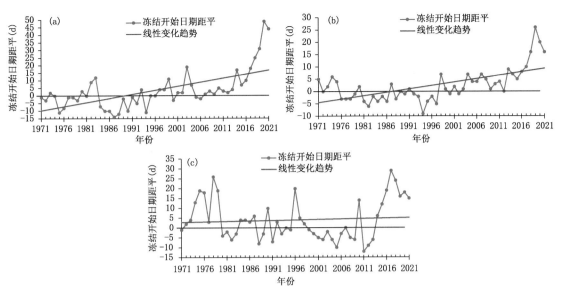

图 3.46　1971—2021 年西藏海拔 4500 m 以上(a)、海拔 3200～4500 m(b)
和海拔 3200 m 以下(c)地区土壤冻结开始日期距平变化趋势

从 1971—2021 年西藏土壤冻结开始日期变化趋势空间分布来看(图 3.47),近 51 年当雄和林芝 2 个站土壤冻结开始日期趋于偏早,平均每 10 年偏早 2.40～2.94 d,以林芝偏早最多($P<0.05$),当雄次之,为 -2.40 d/10a($P<0.05$);其余各站土壤冻结开始日期均呈推迟趋势,平均每 10 年推迟 1.25～6.25 d(13 个站 $P<0.05$),其中,聂拉木偏晚最多($P<0.001$),安多次之,为 5.63 d/10a($P<0.001$)。

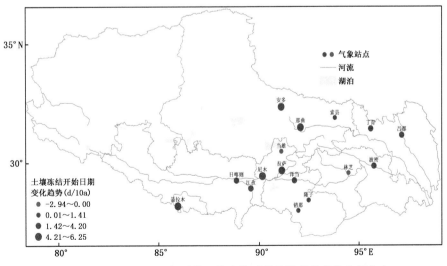

图 3.47　1971—2021 年西藏土壤冻结开始日期变化趋势空间分布

3.3.2.2　土壤冻结终止日期

分析 1971—2021 年西藏 16 个气象观测站土壤冻结终止日期(土壤解冻日期)变化趋势,结果表明,各海拔高度上土壤解冻日期均呈提早趋势。其中,海拔 4500 m 以上地区偏早最为明显(图 3.48a),平均每 10 年提早 6.85 d(P<0.001),海拔 3200～4500 m 地区每 10 年提早 6.03 d(图 3.48b,P<0.001);海拔 3200 m 以下地区平均每 10 年提早 3.49 d(图 3.48c),尤其 近 31 年(1991—2021 年)海拔 3200 m 以下地区土壤解冻日期明显偏早,平均每 10 年提早 7.31～8.50 d(P<0.001)。

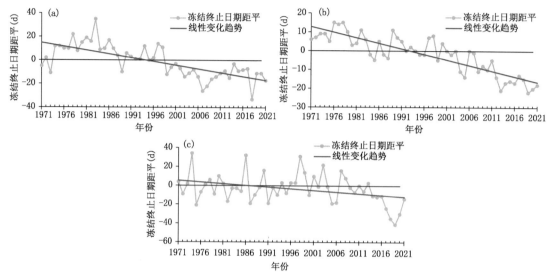

图 3.48　1971—2021 年西藏海拔 4500 m 以上(a)、海拔 3200～4500 m(b) 和海拔 3200 m 以下(c)地区土壤冻结终止日期距平变化趋势

　　2021 年,海拔 4500 m 以上地区土壤冻结终止平均日期为 5 月 14 日,较常年值偏早 17 d, 为 1971 年以来第四个偏早年份;海拔 3200～4500 m 地区土壤冻结终止平均日期为 3 月 21 日,较常年值偏早 22 d,为 1971 年以来第四个偏早年份;海拔 3200 m 以下地区土壤冻结终止 平均日期为 2 月 16 日,较常年值偏早 15 d,1971 年以来第十一个偏早年份。

　　从 1971—2021 年西藏土壤冻结终止日期变化趋势空间分布来看(图 3.49),近 51 年仅林 芝站土壤解冻日期趋于偏晚,平均每 10 年偏晚 0.44 d;其余各站土壤解冻日期均呈提早趋势,

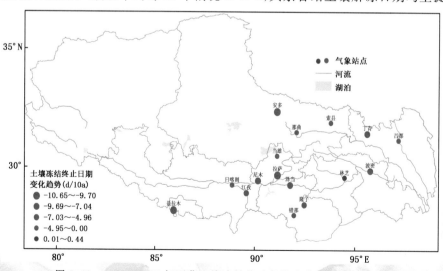

图 3.49　1971—2021 年西藏土壤冻结终止日期变化趋势空间分布

平均每 10 年提早 2.60～10.65 d(13 个站 $P<0.05$),其中,拉萨偏早最多($P<0.001$),安多次之(-10.17 d/10a,$P<0.001$),当雄偏早最少。近 31 年除错那站土壤解冻日期推迟外(2.29 d/10a),其他各站都表现为偏早的年际变化特征,为 -3.37～-14.57 d/10a,以江孜土壤解冻日期偏早最明显($P<0.001$);其次是聂拉木,为 -14.39 d/10a($P<0.001$)。

3.3.3　土壤冻结期

根据西藏 16 个气象观测站冻土监测记录表明,近 51 年(1971—2021 年),海拔 4500 m 以上地区土壤冻结期缩短趋势最为明显,平均每 10 年缩短 11.41 d(图 3.50a,$P<0.001$);海拔 3200～4500 m 地区土壤冻结期平均每 10 年缩短 8.53 d(图 3.50b,$P<0.001$);海拔 3200 m 以下地区土壤冻结期呈不明显的缩短趋势(3.68 d/10a,图 3.50c)。近 31 年(1991—2021 年)各海拔地区土壤冻结期缩短趋势更明显,分别为 -16.43 d/10a($P<0.001$)、-14.27 d/10a($P<0.001$)和 -13.31 d/10a($P<0.05$)。

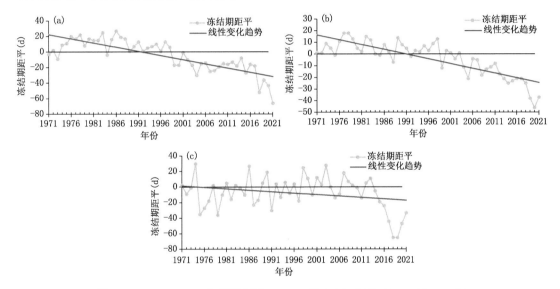

图 3.50　1971—2021 年西藏海拔 4500 m 以上(a)、海拔 3200～4500 m(b)
和海拔 3200 m 以下(c)地区土壤冻结期距平变化趋势

2021 年,海拔 4500 m 以上地区平均土壤冻结期为 164 d,较常年值缩短 66 d,是 1971 年以来最短年份;海拔 3200～4500 m 地区平均土壤冻结期为 127 d,较常年值缩短 37 d,为 1971 年以来第三偏短年份;海拔 3200 m 以下地区平均土壤冻结期为 70 d,较常年值缩短 33 d,为 1971 年以来第七短年份。

从 1971—2021 年西藏土壤冻结期变化趋势空间分布来看(图 3.51),近 51 年土壤冻结期只在林芝、当雄 2 个站呈延长趋势,平均每 10 年分别延长 3.70 d、0.38 d;其他各站均表现为缩短趋势,平均每 10 年缩短 3.72～16.52 d(12 个站 $P<0.05$),其中,聂拉木缩短最多($P<0.001$),其次是拉萨,为 -15.16 d/10a($P<0.001$),索县缩短最少;特别是近 31 年(1991—2021 年)聂拉木土壤冻结期缩短得更为明显,为 -24.62 d/10a($P<0.001$)。

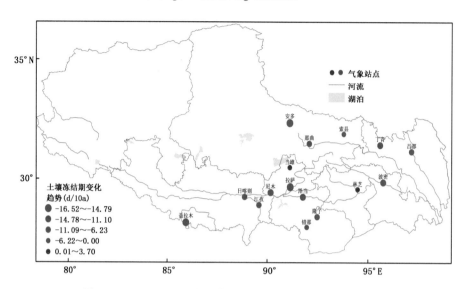

图 3.51 1971—2021 年西藏土壤冻结期变化趋势空间分布

第4章　西藏自治区陆面生态的变化

气候变化对陆地生态系统的影响及其反馈是当前全球变化研究的重要内容,青藏高原是全球气候变化的敏感区和启动区(姚檀栋 等,2000),气候变化的微小波动都会对高原陆地生态系统产生强烈响应(Klein et al.,2004)。本章从西藏自治区地表温度、湖泊面积、陆地植被,以及区域生态气候的监测出发,揭示了诸多生态建设的结果,为西藏高原生态文明建设提供科技支撑。总体来看,1961—2021年西藏大部分湖泊面积呈扩张趋势,生态系统趋好是环境变化的主要特征(王苏民 等,1998;闫立娟 等,2016)。

4.1　地表温度

根据监测显示,近41年(1981—2021年)西藏年平均地表温度呈显著上升趋势,升幅为0.46 ℃/10a。2021年,西藏年平均地表温度为10.0 ℃,较常年同期相比,南木林、八宿分别偏低3.2 ℃、2.1 ℃;聂拉木和索县正常;其余各站偏高0.6~2.7 ℃,其中,狮泉河、隆子、错那、拉萨、嘉黎、那曲、左贡、芒康、丁青偏高2.0 ℃以上(图4.1)。

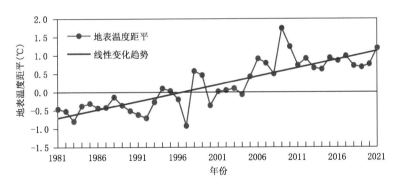

图4.1　1981—2021年西藏年平均地表温度距平变化趋势

从1981—2021年西藏年平均地表温度变化趋势空间分布来看(图4.2),南木林呈下降趋势,为−0.24 ℃/10a;其他各站均呈一致的升高趋势,平均每10年升高0.01~0.93 ℃(2个站 $P<0.05$,33个站 $P<0.001$),以狮泉河最大(0.93 ℃/10a,$P<0.001$),其次是班戈(0.77 ℃/10a,$P<0.001$)。全区有34%的站升温率大于0.60 ℃/10a,主要分布在阿里、山南南部、昌都西北部、拉萨、那曲、班戈。

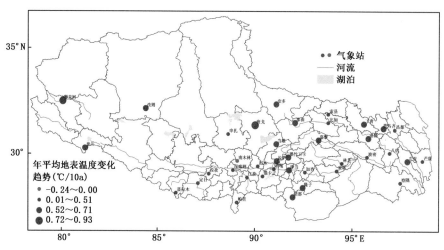

图 4.2　1981—2021 年西藏年平均地表温度变化趋势空间分布

4.2　湖泊

　　青藏高原是地球上海拔最高、数量最多、面积最大的高原湖群区,也是我国湖泊分布密度最大,且与东部平原湖区遥相呼应的两大稠密湖群区之一。从空间分布来看,拥有面积 1 km² 以上湖泊数量最多和最大的是青藏高原湖区,湖泊数量为 1055 个,面积为 41831.7 km²,分别占全国湖泊总数量和总面积的 39.2% 和 51.4%(马荣华 等,2011)。青藏高原上有青海湖、纳木错、色林错、扎日南木错、当惹雍错、羊卓雍错、鄂陵湖、扎陵湖、昂拉仁错以及班公错等著名大湖。半个世纪以来,伴随着全球气候变暖及其影响下的冰川消融、冻土退化,青藏高原地区的湖泊因补给条件差异而分别表现出扩张、萎缩、稳定三种状态,整体上以扩张趋势为主,其中 1991—2010 年是湖泊扩张最显著的时期(董斯扬 等,2014)。

　　西藏高原湖泊分布不均,呈现内流区多、外流区少,内陆湖多、排水湖少,咸水湖多、淡水湖少的特点;境内大小湖泊有 1500 多个,湖泊总面积为 24183 km²,约占全国湖泊总面积的 1/3;按照面积统计,西藏湖泊中有 97.9% 属内陆湖(图 4.3)。

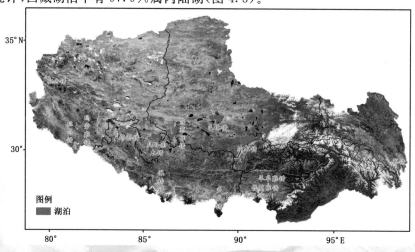

图 4.3　西藏主要湖泊分布

4.2.1 藏西北湖泊分布

4.2.1.1 班公错

班公错(33°26′～33°46′N,78°42′～79°59′E)又称错木昂拉仁波。班公错大约有 4/5 的长度和面积位于我国西藏阿里地区日土县,剩下的 1/5 在克什米尔地区。班公错湖面海拔 4240 m,从东到西绵延 155 km,是我国最长的湖泊。

根据多源卫星遥感监测数据分析(图 4.4),2000—2021 年西藏境内班公错湖面面积总体呈扩张趋势,平均每年增加 1.14 km²。2000—2003 年湖面面积扩张较快,平均每年增加 4.15 km²;2003—2021 年湖面面积平均每年增加 0.96 km²。

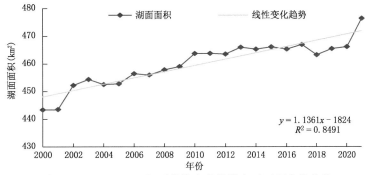

$$y = 1.1361x - 1824$$
$$R^2 = 0.8491$$

图 4.4　2000—2021 年西藏境内班公错水面面积变化趋势

2021 年西藏境内班公错湖面面积为 476.40 km²,较 2020 年(466.17 km²)扩张 10.23 km²,扩张率达 2.19%;较 2000 年(443.41 km²)扩张 32.99 km²,扩张率达 7.44%。

从 2000—2021 年班公错湖面空间变化来看(图 4.5),位于西藏境内班公错的东部湖岸线变化较明显,分别向北和西南方向扩张,其中,2010—2021 年湖面面积扩张较 2000—2010 年更加明显。

图 4.5　2000—2021 年西藏境内班公错湖面空间变化

4.2.1.2 拉昂错

拉昂错（30°35′～30°50′N,81°06′～81°20′E）又称蓝嘎错,位于西藏普兰县境内。第四纪时期,与东部的玛旁雍错同属一个大湖体,后因气候逐渐干旱,古湖泊萎缩,分离肢解成现状（白玛央宗 等,2020）。拉昂错东、西、南部环山,北部为湖泊、河积平原,地势开阔;沿湖有古湖岸砂堤分布,高出湖面25 m。近似汤勺形,湖面海拔4572 m,长29 km,最大宽17 km,平均宽9.26 km。

根据多源卫星遥感监测数据分析（图4.6）,2000—2021年拉昂错湖面面积总体呈逐年萎缩趋势,平均每年减少0.52 km²。2000—2010年湖面面积平均每年减少0.88 km²,2010—2021年平均每年减少0.26 km²。

2021年拉昂错湖面面积为251.87 km²,较2020年（253.44 km²）萎缩1.57 km²,萎缩率达0.62%;较2000年（267.11 km²）萎缩15.24 km²,萎缩率达5.71%。

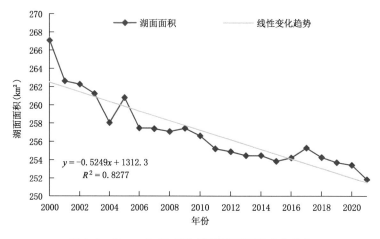

图4.6 2000—2021年拉昂错湖面面积变化趋势

从2000—2021年拉昂错湖面空间变化来看（图4.7）,湖面面积变化较明显的区域主要位于湖的中北部。

4.2.1.3 玛旁雍错

玛旁雍错（30°33′～30°47′N,81°22′～81°37′E）又称玛法木错,西藏三大圣湖之一,地处西藏阿里地区普兰县境内。北侧是冈底斯山脉,其中,冈仁波齐峰海拔6656 m,常年冰雪覆盖;南侧是喜马拉雅山脉,其中,纳木那尼峰海拔7728 m;西与拉昂错相邻。湖泊形状近似椭圆,湖面海拔4588 m,是世界上高海拔地区淡水资源量最丰富的湖泊之一。

根据多源卫星遥感监测数据分析（图4.8）,2000—2021年玛旁雍错湖面面积总体呈现略微扩张的趋势,平均每年增加仅0.06 km²。其中,2000—2004年湖面面积萎缩较明显,萎缩率为1.3%;2004年以后湖面面积呈波动式增加。

2021年玛旁雍错湖面面积为413.26 km²,较2020年萎缩1.71 km²,萎缩率达0.41%;较2000年（415.78 km²）萎缩2.52 km²,萎缩率达0.61%。

图 4.7　2000—2021 年拉昂错湖面空间变化

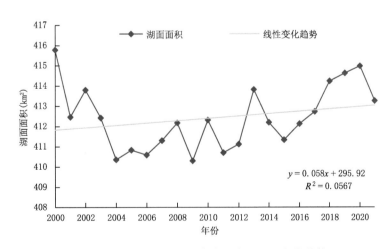

图 4.8　2000—2021 年玛旁雍错湖面面积变化趋势

　　从 2000—2021 年玛旁雍错湖面空间变化来看(图 4.9)，东部湖岸线略有扩张，但不明显。2005 年较 2000 年，湖的东北部和东部略有萎缩；2021 年较 2005 年，湖的东北部略有扩张。

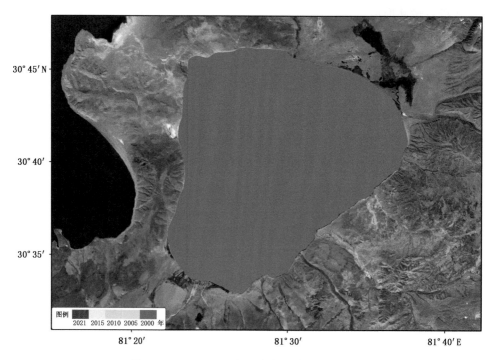

图 4.9　2000—2021 年玛旁雍错湖面空间变化

4.2.1.4　塔若错

塔若错(31°03′~31°13′N,83°55′~84°20′E)地处西藏仲巴县,冈底斯山脉北麓山间盆地内,湖面海拔 4566 m,长 38.1 km,最大宽 17.2 km,平均宽 12.77 km,面积 486.6 km²。湖水主要依靠冰雪融水径流补给,有布多藏布等 19 条入湖河流,属内陆湖,碳酸盐亚型淡水湖。

根据多源卫星遥感监测数据分析(图 4.10),2000—2021 年塔若错湖面面积总体呈波动扩张趋势,平均每年增加 0.55 km²。其中,2020 年湖面面积增至最高值(493.51 km²),较 2000 年(477.90 km²)增加 15.61 km²,扩张率为 3.27%。

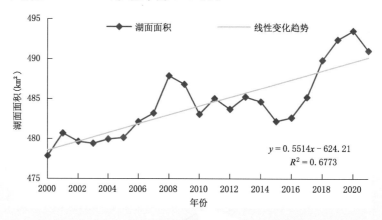

图 4.10　2000—2021 年塔若错湖面面积变化趋势

2021年塔若错湖面面积为491.03 km²,较2020年(493.51 km²)萎缩2.48 km²,萎缩率达0.50％;较2000年(477.90 km²)扩张13.13 km²,扩张率达2.75％。

从2000—2021年塔若错湖面空间变化来看(图4.11),湖面面积扩张较明显的区域主要集中于湖的南部。

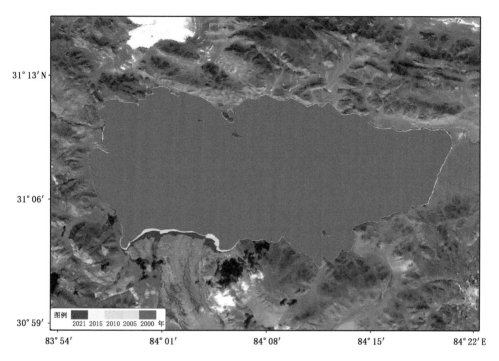

图4.11　2000—2021年塔若错湖面空间变化

4.2.1.5　扎日南木错

扎日南木错(30°44′~31°05′N,85°18′~85°54′E)位于西藏阿里地区措勤县东北部。该湖为阿里地区面积最大、海拔最高的湖,也是西藏第三大湖泊。湖面海拔4613 m,湖泊总面积约为1147 km²。

根据多源卫星遥感监测数据分析(图4.12),2000—2021年扎日南木错湖面面积总体呈扩张趋势,平均每年增加3.14 km²。2000—2008年湖面面积平均每年增加4.68 km²,2008—2016年湖面面积平均每年减少1.45 km²,2016—2021年湖面面积平均每年增加9.72 km²(德吉央宗 等,2014)。

2021年扎日南木错湖面面积为1043.89 km²,较2020年(1045.36 km²)萎缩1.47 km²,萎缩率达0.14％;较2000年(967.05 km²)扩张76.84 km²,扩张率达7.95％。

从2000—2021年扎日南木错湖面空间变化来看(图4.13),湖泊西部、西北部和东部湖岸线分别向西、西北、东扩张,其中,是西部、西北部最为明显,尤其是西北部措勤藏布河口附近。随着湖岸线的扩张,湖泊周边有两个小湖与扎日南木错主体湖泊相连,并且形成类似湖心岛的小型陆地。

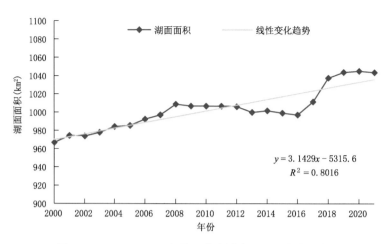

图 4.12 2000—2021 年扎日南木错湖面面积变化趋势

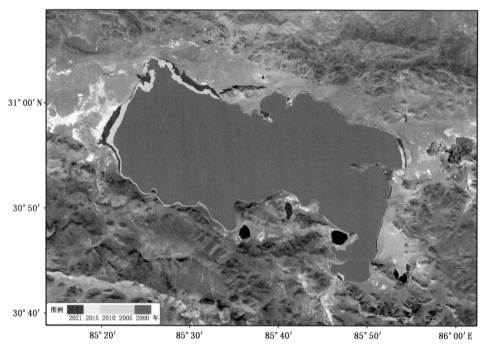

图 4.13 2000—2021 年扎日南木错湖面空间变化

4.2.1.6 当惹雍错

当惹雍错($30°45'\sim31°22'\mathrm{N},86°23'\sim86°46'\mathrm{E}$)又称唐古拉攸木错,位于冈底斯山北坡凹陷盆地北部的东段,属西藏尼玛县,湖面海拔 4528 m。第四纪时期,当惹雍错北面与当穹错,南边与许如错相连,长可达 190 km。后期由于气候变干,湖水退缩,当穹错、许如错与当惹雍错分离,形成独立湖泊。当惹雍错最大水深为 214.48 m,是青藏高原上已知最深的湖泊,也是我国境内已知第一深水湖(王君波 等,2010;拉巴卓玛 等,2018)。

根据多源卫星遥感监测数据分析(图 4.14),2000—2021 年当惹雍错湖面面积整体呈扩张趋势,平均每年增加 1.62 km²。其中,2000—2013 年平均每年增加 0.72 km²;2013—2021 年

平均每年增加 1.98 km²。

2021 年当惹雍错湖面面积为 865.74 km²，较 2020 年（865.00 km²）扩张 0.74 km²，扩张率达 0.09%；较 2000 年（836.54 km²）扩张 29.20 km²，扩张率达 3.49%。

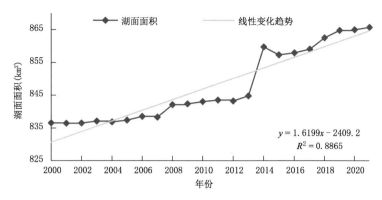

图 4.14　2000—2021 年当惹雍错湖面面积变化趋势

从 2000—2021 年当惹雍错湖面空间变化来看（图 4.15），湖面面积变化较明显的区域位于湖的西南部和东南部，均向外侧扩张。其中，2015 年西南面的小湖湖面面积明显扩张，并与当惹雍错连成一片。

图 4.15　2000—2021 年当惹雍错湖面空间变化

4.2.1.7　色林错

色林错及其卫星湖错鄂介于 31°30′~32°08′N，88°31′~89°22′E 之间，色林错又称奇林湖，地处西藏申扎、班戈和尼玛县交界处，位于冈底斯山北麓，申扎县以北，是西藏第一大咸水湖，湖面海拔 4530 m。错鄂湖泊位于班戈县境内，是色林错的卫星湖，紧挨着色林错，湖面海

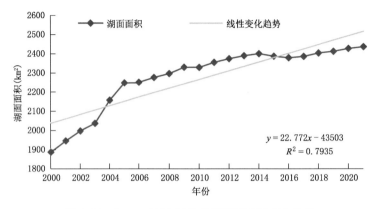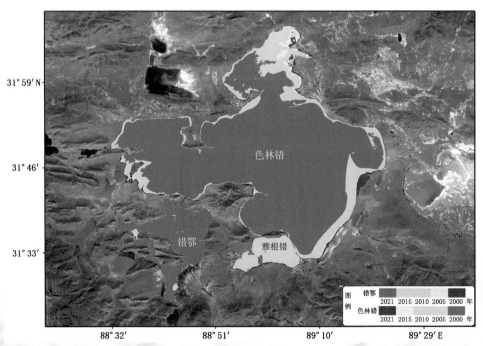

拔 4562 m,湖面面积约 244 km²,湖水按矿化度分类为微咸的淡水湖。

　　根据多源卫星遥感监测数据分析(图 4.16),2000—2021 年色林错湖面面积总体呈扩张趋势,平均每年增加 22.77 km²。2000—2005 年湖面面积扩张较快,平均每年增加 70.87 km²;2005—2021 年湖面面积平均每年增加 11.14 km²。

　　2021 年色林错湖面面积为 2437.33 km²,较 2020 年(2427.88 km²)扩张 9.45 km²,扩张率达 0.39%;较 2000 年(1888.33 km²)扩张 549 km²,扩张率达 29.07%。

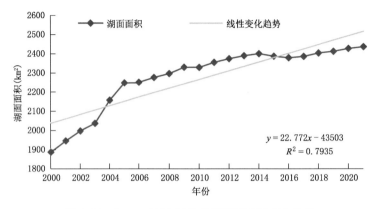

图 4.16　2000—2021 年色林错湖面面积变化趋势

　　从 2000—2021 年色林错及其南边的错鄂湖面空间变化来看(图 4.17),色林错湖面面积变化较明显的区域位于湖的北部、东南部和西部;错鄂湖面面积萎缩最严重的区域主要分布在西部。此外,2004 年遥感影像资料显示色林错与其南部的雅根错因湖面面积扩张开始相连,于 2005 年完全连成一片。

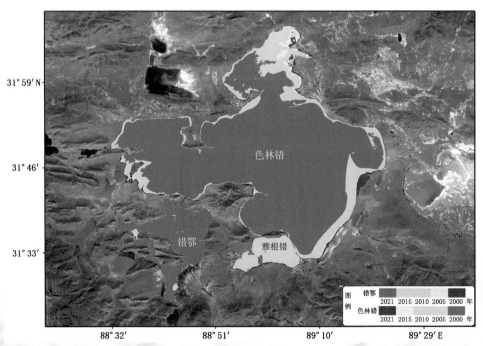

图 4.17　2000—2021 年色林错湖面空间变化

4.2.1.8　纳木错

纳木错(30°30′～30°55′N,90°15′～91°03′E)位于藏北东南部,念青唐古拉山北麓,西藏当雄县和班戈县境内。它是西藏第二大咸水湖,也是世界海拔最高的咸水湖,湖面海拔 4718 m。

根据多源卫星遥感监测数据分析(图 4.18),2000—2021 年纳木错湖面面积总体呈扩张趋势,平均每年增加 0.60 km²。其中,2010 年湖面面积达 2036 km²,为近 22 年最大值;较 2000 年(1976.96 km²)扩张 59.04 km²,扩张率为 2.99%。

2021 年纳木错湖面面积为 2015.26 km²,较 2020 年(2021.01 km²)萎缩 5.75 km²,萎缩率达 0.28%;较 2000 年扩张 38.30 km²,扩张率达 1.94%。

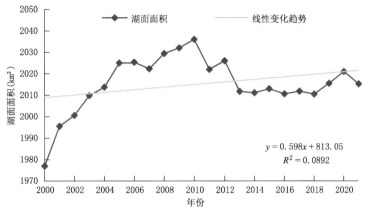

图 4.18　2000—2021 年纳木错湖面面积变化趋势

从 2000—2021 年纳木错湖面空间变化来看(图 4.19),湖面面积变化较明显的区域主要位于湖的东、西部。2010 年与 2000 年相比,湖的东、西部扩张较明显,南部无明显变化。

图 4.19　2000—2021 年纳木错湖面空间变化

4.2.2 藏南湖泊分布

4.2.2.1 佩枯错

佩枯错($28°46'\sim29°02'$N,$85°30'\sim85°41'$E)又称拉错新错,位于西藏日喀则市吉隆县和聂拉木县交界处。该湖是藏南较大的内陆湖泊,也是日喀则市最大湖泊,湖面海拔4580 m。

根据多源卫星遥感监测数据分析(图4.20),2000—2021年佩枯错湖面面积总体呈萎缩趋势,平均每年减少0.29 km²。其中,2018年湖面面积减至最小值(268.68 km²);较2000年(278.02 km²)萎缩9.34 km²,萎缩率为3.36%。

2021年佩枯错湖面面积为273.14 km²,较2020年(269.88 km²)扩张3.26 km²,扩张率达1.21%;较2000年萎缩4.88 km²,萎缩率达1.76%。

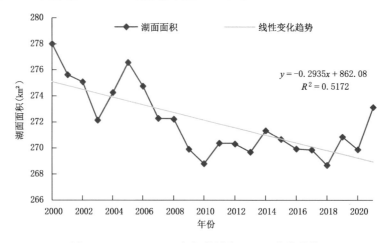

图4.20　2000—2021年佩枯错湖面面积变化趋势

从2000—2021年佩枯错湖面空间变化来看(图4.21),湖面面积呈萎缩状态,其中,西南部和北部湖岸线向东北部、南部萎缩较明显。

4.2.2.2 桑旺错

桑旺错($28°12'\sim28°16'$N,$90°05'\sim90°07'$E)位于西藏日喀则市康马县喜马拉雅山脉中段北麓。该湖为冰川终碛湖,系冰川后退在终碛垄后缘与冰舌的前缘之间冰川融水积累而成的湖(李林 等,2019)。

根据多源卫星遥感监测数据分析(图4.22),2000—2021年桑旺错湖面面积总体呈扩张趋势,平均每年增加0.02 km²。其中,2010年湖面面积减至最小,为5.41 km²,2015年增至最大,为5.92 km²,2015年较2010年扩张0.51 km²,扩张率为9.43%。

2021年桑旺错湖面面积为5.88 km²,较2020年(5.86 km²)扩张0.02 km²,扩张率达0.34%;较2000年(5.54 km²)扩张0.34 km²,扩张率达6.14%。

从2000—2021年桑旺错湖面空间变化来看(图4.23),湖面面积扩张较明显的区域主要集中在湖的南部和东南部。

图 4.21　2000—2021 年佩枯错湖面空间变化

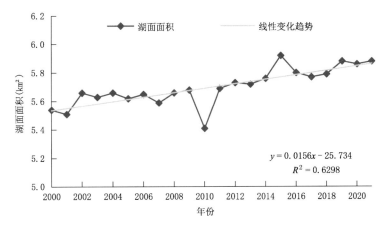

图 4.22　2000—2021 年桑旺错湖面面积变化趋势

4.2.2.3　多庆错

多庆错（28°05′～28°13′N，89°18′～89°26′E）又称多情错，位于西藏日喀则市的东南部，亚东县和康马县交界处，喜马拉雅山北坡—山间盆地内，是典型的喜马拉雅山北麓—藏南典型沼泽和沼泽化草甸湿地。湖面海拔 4466 m，面积 60 km²。湖水主要依靠麻曲和琼桂藏布两河补给。湖水酸碱度（pH）7.7，属硫酸钠亚型内陆微咸水湖。

根据多源卫星遥感监测数据分析（图 4.24），2000—2021 年多庆错湖面面积总体表现为萎缩趋势，平均每年减少 1.63 km²。2000—2005 年湖泊水面面积急剧萎缩，萎缩率为 43.90%。2006—2021 年湖面面积波动减少，平均每年减少 1.76 km²。

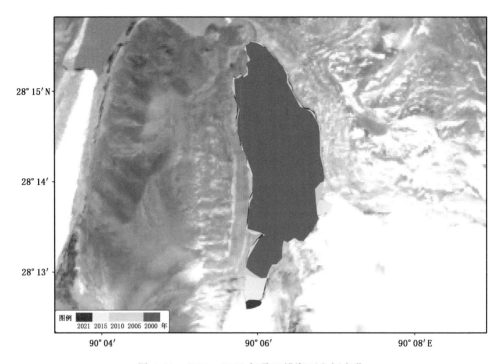

图 4.23 2000—2021 年桑旺错湖面空间变化

2021 年多庆错湖面面积为 54.79 km²，较 2020 年（54.56 km²）扩张 0.23 km²，达 0.42%；较 2000 年（87.60 km²）萎缩 32.81 km²，萎缩率达 37.45%。

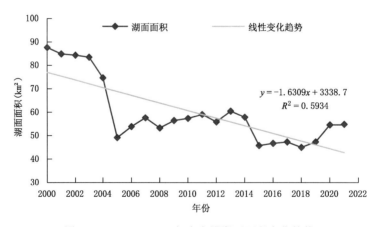

图 4.24 2000—2021 年多庆错湖面面积变化趋势

从 2000—2021 年多庆错湖面空间变化来看（图 4.25），湖面面积萎缩最严重的区域在东南部，另外，西北部区域也有不同程度萎缩。

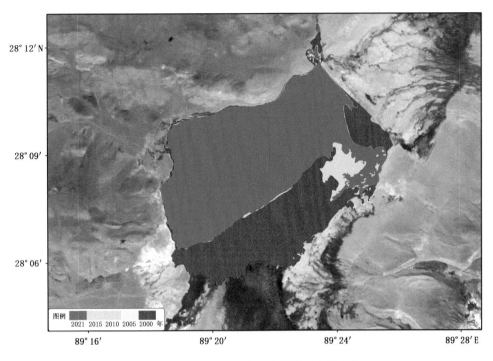

图 4.25　2000—2021 年多庆错湖面空间变化

4.2.2.4　羊卓雍错

羊卓雍错(28°46′～29°12′N,90°22′～91°04′E)又称羊湖,与纳木错和玛旁雍错并称西藏三大圣湖,是喜马拉雅山北麓最大的内陆湖。该湖位于西藏山南市浪卡子县,距拉萨市西南 100 km,流域面积 6100 km²,湖面海拔 4440 m。

根据多源卫星遥感监测数据分析(图 4.26),2000—2021 年羊卓雍错湖面面积总体呈萎缩趋势,平均每年减少 3.72 km²。2000—2021 年湖面面积呈先增加后减少的趋势,其中,2004年增至最大,为 609.72 km²;2004 年湖面面积较 2000 年(599.42 km²)扩张 10.30 km²,扩张

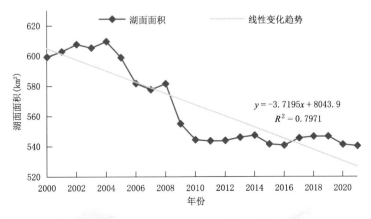

$$y = -3.7195x + 8043.9$$
$$R^2 = 0.7971$$

图 4.26　2000—2021 年羊卓雍错湖面面积变化趋势

率为1.72%;2021年湖面面积较2004年萎缩69.29 km²,萎缩率为11.36%。

2021年羊卓雍错湖面面积为540.43 km²,较2020年(541.38 km²)萎缩0.95 km²,萎缩率达0.18%;较2000年萎缩58.99 km²,萎缩率达9.84%。

从2000—2021年羊卓雍错湖面空间变化来看(图4.27),近22年四周湖岸线均向湖中央萎缩,其中,湖泊的西北、西南和东部湖岸线萎缩最明显。

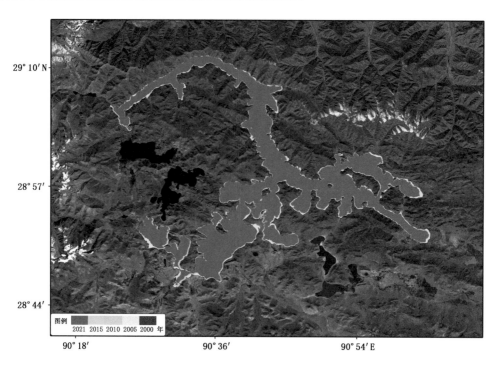

图4.27　2000—2021年羊卓雍错湖面空间变化

4.2.2.5　普莫雍错

普莫雍错(28°29′~28°38′N,90°13′~90°33′E)位于西藏浪卡子县境内,羊卓雍错南面,喜马拉雅山北坡—山间盆地内。普莫雍错湖面海拔5010 m,长32.50 km,最大宽14 km,平均宽8.93 km,面积290 km²;湖岸线长94 km,发育系数1.56。湖水主要由降水和冰川融水补给,较大的入湖河流有6条,其中,西岸入湖的加曲最大,冰雪融水径流丰富,湖水性质为淡水湖。

根据多源卫星遥感监测数据分析(图4.28),2000—2021年普莫雍错湖面面积总体表现为萎缩趋势,平均每年减少0.0031 km²。2000—2002年湖面面积扩张4.53 km²,扩张率为1.57%;2002—2015年湖面面积萎缩4.41 km²,萎缩率为27.48%;2015—2021年湖面面积扩张5.15 km²,扩张率为1.78%。

2021年普莫雍错湖面面积为293.79 km²,较2020年(290.65 km²)扩张3.14 km²,扩张达1.08%;较2000年(288.52 km²)扩张5.27 km²,扩张率达1.83%。

从2000—2021年普莫雍错湖面空间变化来看(图4.29),湖面面积变化较明显的区域位于湖的西南部,尤其是西部。

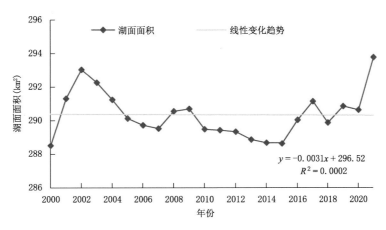

图 4.28　2000—2021 年普莫雍错湖面面积变化趋势

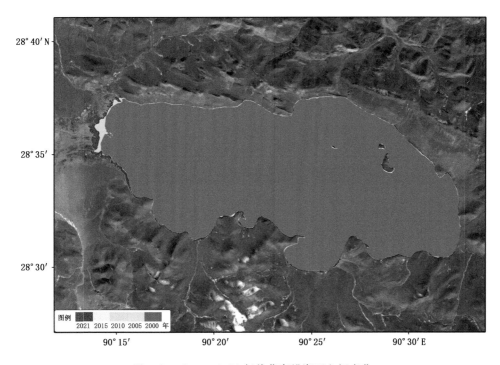

图 4.29　2000—2021 年普莫雍错湖面空间变化

4.2.3　藏东湖泊分布

4.2.3.1　然乌湖

然乌湖($29°22'\sim29°31'$N,$96°38'\sim96°51'$E)位于西藏昌都市八宿县西南角,距离县城白马镇约 90 km 的然乌乡,是由造山运动而形成的堰塞湖。它是雅鲁藏布江支流帕隆藏布的主要源头,也是帕隆大峡谷的起源,湖泊北面有著名的来古冰川,冰川延伸至湖边。

根据多源卫星遥感监测数据分析(图 4.30),2000—2021 年然乌湖湖面面积总体呈扩张趋势,平均每年增加 0.09 km²。其中,2020 年(22.40 km²)湖面面积为 22 年来最大;2000 年湖面面积最小,为 15.99 km²。

2021 年然乌湖湖面面积为 19.10 km²,较 2020 年(22.40 km²)萎缩 3.30 km²,萎缩率达 14.73%;较 2000 年扩张 3.11 km²,扩张率达 19.45%。

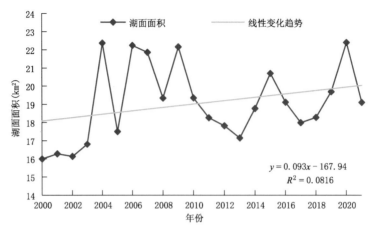

图 4.30 2000—2021 年然乌湖湖面面积变化趋势

从 2000—2021 年然乌湖湖面空间变化来看(图 4.31),湖面面积变化较明显的区域主要位于整个湖泊北部区域,尤其是东段。

图 4.31 2000—2021 年然乌湖湖面空间变化

4.2.3.2 莽错

莽错(29°30′~29°34′N,98°48′~98°52′E)是横断山脉中最大的高原湖泊,位于昌都市芒

第4章　西藏自治区陆面生态的变化

康县朱巴龙乡,湖面海拔 4334 m。

根据多源卫星遥感监测数据分析(图 4.32),2000—2021 年莽错湖面面积总体呈缓慢扩张趋势,平均每年增加 0.02 km²。2018 年湖面面积 19.87 km²,为近 22 年最大值,较 2015 年(18.28 km²)扩张 1.59 km²,扩张率为 8.70%。

2021 年莽错湖面面积为 19.60 km²,较 2020 年(18.89 km²)扩张 0.71 km²,扩张率达3.76%;较 2000 年(18.99 km²)扩张 0.61 km²,扩张率达 3.21%。

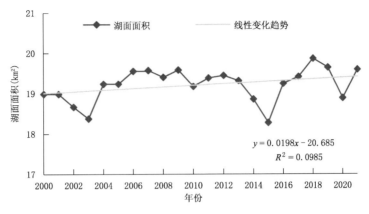

图 4.32　2000—2021 年莽错湖面面积变化趋势

从 2000—2021 年莽错湖面空间变化来看(图 4.33),湖面面积波动式扩张。其中,东北部湖岸线扩张明显,北部出水口附近尤为突出。随着湖水向湖岸线的扩张,湖泊北部低洼处相对较为平坦,逐渐被淹没。

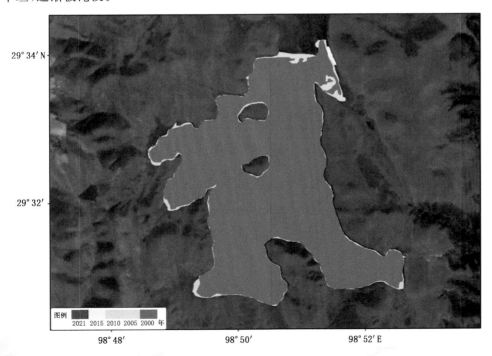

图 4.33　2000—2021 年莽错湖面空间变化

— 95 —

4.3 植被

气候变暖导致北半球大部分地区植被发生显著变化,中高纬度植被活动显著增强,高纬度、高寒地区植被返青期提前,生长季长度延长的现象尤为明显(Zhou et al.,2001;De et al.,2011;Lei et al.,2014)。20世纪90年代植被增长趋势较80年代显著,从21世纪初开始,北半球部分地区归一化差值植被指数(NDVI)增长速率有所减缓(Piao et al.,2011)。Peng 等(2012)认为,1982—2003年青藏高原除森林退化严重(50%)外,其他植被类型NDVI呈增长趋势,植被生长状况以变好为主。于伯华等(2009)分析得出,1981—2006年NDVI下降显著的区域主要分布在高原南部,其次为三江源中南部,而藏北高原、西部柴达木盆地NDVI较为稳定。拉巴等(2019)分析认为,2000—2018年那曲NDVI总体呈不显著减少趋势,稳定状态的植被所占比重为64.50%,退化区面积略大于改善区面积4.21%。

4.3.1 植被覆盖状况

2010年、2020年和2021年卫星遥感西藏最大合成年平均NDVI不同等级植被覆盖变化分析来看(图4.34),2021年西藏植被覆盖度总体呈增加态势。相对2010年,2021年0%~20%植被覆盖度有所减少外,其他不同等级植被覆盖度均显著增加,20%~40%和60%~80%最为显著。相对2020年,2021年40%~60%植被覆盖度增加明显,为0.62×10⁴ km²。

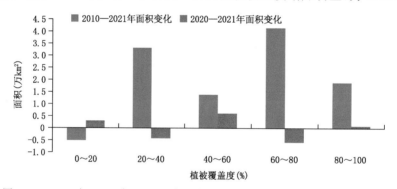

图4.34 2010年、2020年和2021年西藏最大合成年平均NDVI植被覆盖变化

从2021年西藏最大合成年平均植被覆盖空间变化来看(图4.35),高覆盖度植被集中分布在藏东南区域及沿喜马拉雅山脉一带,低覆盖度植被主要分布在藏西北牧区和无人区一带,中覆盖度植被集中分布在藏中和藏南地区。

4.3.2 植被覆盖时空变化

由2000—2021年西藏最大合成年平均NDVI变化趋势来看(图4.36),近22年NDVI变化趋势呈增长态势,平均每10年增长0.004,且在2020年达到最大为0.364,2015年达到最小为0.335。

从2000—2021年西藏NDVI植被覆盖空间变化来看(图4.37),植被覆盖变化趋势以稳定为主。其中,显著退化区域主要集中在高原中部的拉萨、那曲中部地区,日喀则中东部,山南北部,林芝和昌都局部地区;植被轻微退化区域与显著退化区域交错分布;植被稳定区域主要

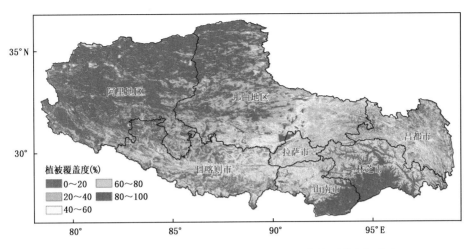

图 4.35　2021 年西藏最大合成年平均 NDVI 植被覆盖空间分布

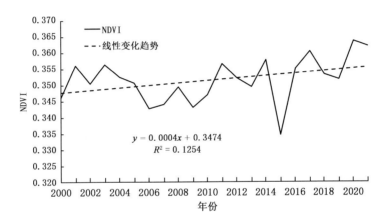

图 4.36　2000—2021 年西藏最大合成年平均 NDVI 变化趋势

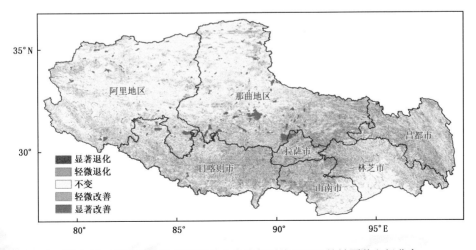

图 4.37　2000—2021 年西藏最大合成年平均 NDVI 植被覆盖空间分布

分布在藏北地区的阿里大部和那曲中北部,以及林芝和山南南部;植被轻微改善区域主要分布在阿里西部、那曲北部,日喀则西南部、昌都中部;植被显著改善区域出现在那曲南部、山南东北部、拉萨东部、日喀则东南部,以及昌都南部均有分布。

4.3.3 植被生态质量时空变化

2000—2021年西藏植被生态质量指数均值年际变化趋势(图4.38)来看,植被生态质量指数总体呈增长趋势,平均增长速率为0.6/10a。其中,2015年达最低值,为17.1,2017年达到最高值,为19.7。与2000年相比,2021年植被生态质量指数提高了1.5;较2020年,2021年植被生态质量指数略有下降,但总体仍处于增长趋势。主要原因是2000—2021年西藏平均降水量呈增加趋势,以及实施自治区草原奖励补助机制、风沙源治理等生态保护和修复工程,植被生态质量指数明显提高。

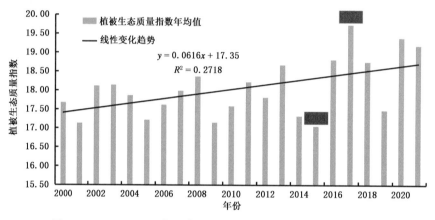

图4.38　2000—2021年西藏植被生态质量指数均值年际变化趋势

由图4.39西藏植被生态质量指数空间分布来看,2021年藏东南植被生态质量指数明显优于藏西北,主要集中在林芝和山南南部。阿里和那曲西北部植被生态质量指数在0~5,日喀则北部、那曲东南部和山南西南部部分地区植被生态质量指数在5~20,昌都植被生态质量指数在20~40居多,林芝、山南南部和昌都零散区域生态植被质量指数在40以上。

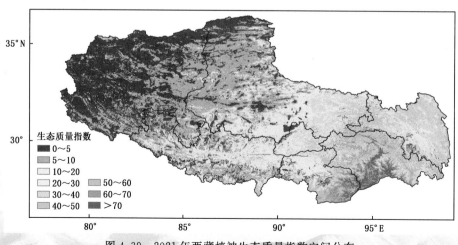

图4.39　2021年西藏植被生态质量指数空间分布

从图4.40可以看出,2021年西藏那曲、阿里、日喀则大部分地区植被生态质量指数均维持或略高于2020年同期。其中,阿里西北部和中部、那曲、山南东南部部分地区和拉萨、林芝、昌都大部分地区植被生态质量指数明显较低,尤其是阿里中部、那曲东南部部分地区、林芝北部和拉萨大部低于10%以上,昌都略低于0%~10%。

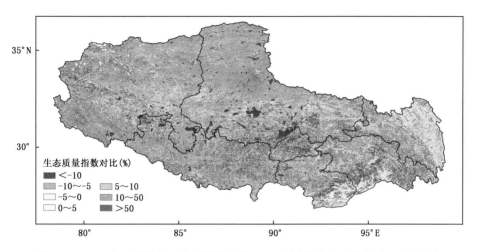

图4.40　2021年西藏植被生态质量指数与2020年同期增减百分率对比空间分布

4.3.4　草地地上生物量

从卫星遥感NDVI最大合成年平均反演资料分析来看,2021年西藏草地地上(含干草)生物量最高值为4654.9 kg/hm²,平均值为1116.1 kg/hm²(图4.41);鲜草生物量最高值为5128.0 kg/hm²,平均值为983.6 kg/hm²(图4.42)。2021年西藏草地地上(含干草)生物量和鲜草较差区域主要集中在那曲北部、阿里大部和日喀则部分区域,其余地区相对较好。

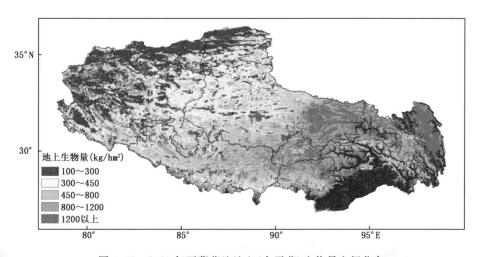

图4.41　2021年西藏草地地上(含干草)生物量空间分布

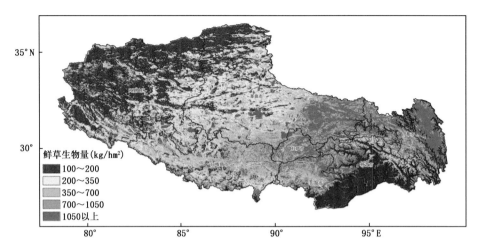

图 4.42　2021年西藏草地鲜草生物量空间分布

　　从 2000—2021 年西藏草地地上生物量变化趋势来看(图 4.43),草地地上生物量总体呈略微增加趋势。22 年来(2000—2021 年),西藏草地地上(含干草)平均生物量为 1021.9 kg/hm²,鲜草平均生物量为 880.5 kg/hm²,其中,2020 年达到最大值。2021 年与多年(2000—2021 年)草地地上生物量平均值相比,地上生物量(含干草)和鲜草生物量分别增加了 94.2 kg/hm² 和 103.1 kg/hm²;2015 年与多年相比,地上生物量(含干草)和鲜草生物量分别减少 49.3 kg/hm² 和 50.2 kg/hm²。

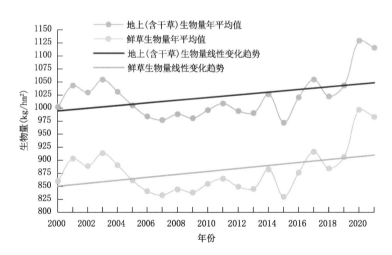

图 4.43　2000—2021年西藏草地地上生物量变化趋势

　　从 2000—2021 年西藏草地地上生物量距平变化趋势可见(图 4.44),第一阶段为 2000—2004 年(除 2000 年),2001—2004 年地上生物量距平均为正值,表示植被处于改善阶段;第二阶段为 2005—2016 年(除 2014 年),地上生物量距平为负值,表示植被处于退化阶段;第三阶段为 2017—2021 年,地上生物量距平值均为正值,表示植被再次处于改善阶段。

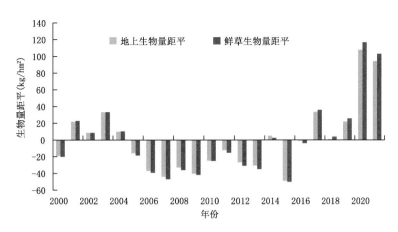

图 4.44　2000—2021 年西藏草地地上生物量距平变化趋势

4.4　区域生态气候

气候生产潜力是指充分和合理利用当地的光、热、水气候资源,而其他条件(如土壤、养分、二氧化碳等)处于最适状况时单位面积土地上可能获得的最高生物学产量,可根据生物量与气候因子的统计相关关系建立的数学模型计算得到,如 Thornthwaite Memorial、AEZ、Miami、筑后等模型。Miami 模型是 Lieth 根据世界各地植物产量与年平均温度、年降水量之间的关系得到的,能够反映自然状态下水热单因子对潜在生产力的影响,Thornthwaite Memorial 模型是 Lieth 和美国学者 Box 在迈阿密模型的基础上考虑了与植物产量密切相关的蒸散量而提出的。由于这两个模型相对简单,需要的参数少,而被比较广泛地应用于大范围气候生产潜力变化格局研究中。赵雪雁等(2016)利用此模型计算分析得出 1965—2013 年青藏高原牧草气候生产潜力总体增加趋势,在空间上表现为由西北向东南依次增加的态势,青海省北部及南部部分地区气候生产潜力上升幅度较大,而西藏东部上升幅度较小,且南、北部地区差异较大。杜军等(2008)认为,近 45 年(1971—2015 年)西藏阿里西南部、聂拉木、江孜植被气候生产潜力为减少趋势,以普兰减幅最大;其他各地呈不同程度的增加趋势,增幅为 26.8~459.8(kg/hm²)/10a。

本公报采用 Thornthwaite Memorial 模型,计算了西藏植被气候生产潜力,结果表明,近 61 年(1961—2021 年)西藏植被气候生产潜力呈显著增加趋势(图 4.45),平均每 10 年增加 130.85 kg/hm²(P<0.001);尤其近 41 年(1981—2021 年)气候生产潜力增加得更明显,增幅达 216.59(kg/hm²)/10a(P<0.001)。

2021 年,西藏植被气候生产潜力为 7439.16 kg/hm²,较常年值偏高 434.22 kg/hm²,为 1961 年以来第五高值年份。

1961—2021 年,藏东南森林和藏北草地年气候生产潜力距平均呈明显增加趋势(图 4.46),平均每 10 年分别增加 139.65 kg/hm²(P<0.001)和 188.14 kg/hm²(P<0.001)。

2021 年,藏东南森林年气候生产潜力为 11367.22 kg/hm²,较常年值偏高 862.22 kg/hm²,为 1961 年以来第一个高值年份;藏北草地年气候生产潜力达 6885.09 kg/hm²,较常年值偏高 511.09 kg/hm²,为 1961 年以来第四个高值年份。

从 1961—2021 年西藏年植被气候生产潜力变化趋势空间分布来看(图 4.47),各站均呈

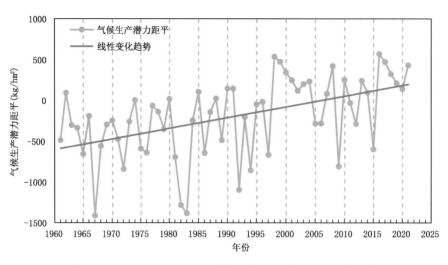

图 4.45　1961—2021 年西藏植被气候生产潜力距平变化趋势

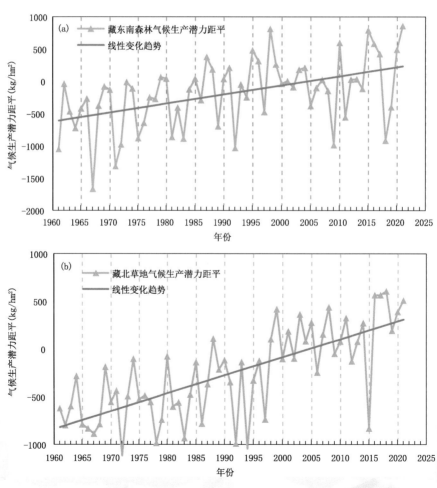

图 4.46　1961—2021 年藏东南森林(a)和藏北草地(b)年气候生产潜力距平变化趋势

增加趋势,增幅为 27.28～254.66(kg/hm²)/10a(11 个站 $P<0.01$),其中,那曲增幅最大 (254.66(kg/hm²)/10a,$P<0.001$),班戈次之(253.97(kg/hm²)/10a,$P<0.001$),江孜增幅最 小。近 31 年来(1991—2021 年)日喀则和隆子 2 个站年植被气候生产潜力趋于减小,分别为 -4.89(kg/hm²)/10a 和 -74.93(kg/hm²)/10a。其他各站年植被气候生产潜力均呈增加趋 势,增幅为 0.01～349.56(kg/hm²)/10a,以那曲最大($P<0.001$),班戈次之,增幅为 337.80 (kg/hm²)/10a($P<0.001$),泽当最小;那曲、狮泉河、班戈、申扎、索县和嘉黎增幅均在 220.0 (kg/hm²)/10a 以上。

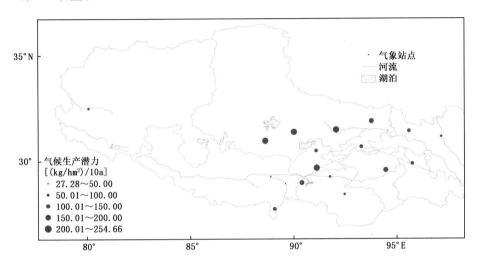

图 4.47　1961—2021 年西藏年植被气候生产潜力空间分布

第5章 西藏自治区主要气象灾害及其影响

2021年,西藏各地极端天气气候事件和气象灾害频发,对交通、市政、水利等基础设施和农牧民生产生活等造成不利影响。根据气象灾害管理系统统计,2021年共发生气象灾害 129 次,其中,强降水 65 次、冰雹 31 次、干旱 4 次、雷电 5 次、雪灾 9 次、低温冷害 1 次、大风 3 次、泥石流 7 次、地质灾害 4 次。受灾人口 1.1 万人,死亡 1 人;死亡牲畜 0.4 万只;农田受灾面积 0.09 万 hm²,绝收面积 54.5 hm²,倒塌房屋 4 间,损坏房屋 274 间,直接经济损失 1839.95 万元。总体评价,气象灾害属于一般年景。

5.1 强降水

强降水灾害共发生 65 次,造成 3086 人受灾;死亡牲畜 43 只;房屋不同程度受损 138 间;农作物受灾面积 41.4 hm²,绝收面积 6.6 hm²,直接经济损失 584.46 万元。

5.2 冰雹

冰雹灾害共发生 31 次,造成 6290 人受灾;死亡牲畜 13 只;农作物受灾面积 805.4 hm²,绝收面积 47.9 hm²,直接经济损失 602.23 万元。

5.3 干旱

干旱灾害共发生 4 次,造成 1187 人受灾;农作物受灾面积 45.6 hm²,直接经济损失 181 万元。

5.4 雷电

雷电灾害共发生 5 次,造成 1 人死亡;死亡牲畜 12 只,直接经济损失 11.62 万元。

5.5 雪灾

雪灾共发生 9 次,造成 279 人受灾;死亡牲畜 97 只;房屋不同程度受损 122 间,直接经济损失 215.78 万元。

5.6　低温冷害

低温冷害发生 1 次,造成 3891 只牲畜死亡。

5.7　大风

大风共发生 3 次,造成 20 人受灾,直接经济损失 1.66 万元。

5.8　泥石流

泥石流共发生 7 次,农作物受灾面积 50.2 hm²;房屋不同程度受损 14 间,造成直接经济损失 183.2 万元。

5.9　地质灾害

地质灾害共发生 4 次,造成 380 人受灾,直接经济损失 60 万元。

参 考 文 献

白玛央宗,普布次仁,戴睿,等,2020.1972—2018年西藏玛旁雍错和拉昂错湖泊面积变化趋势分析[J].高原科学研究,4(2):19-26.

白淑英,史建桥,高吉喜,等,2014.1979—2010年青藏高原积雪深度时空变化遥感分析[J].地球信息科学学报,16(4):628-636.

车涛,郝晓华,戴礼云,等,2019.青藏高原积雪变化及其影响[J].中国科学院院刊(11):1247-1253.

陈锋,康世昌,张拥军,等,2009.纳木错流域冰川和湖泊变化对气候变化的响应[J].山地学报,27(6):641-647.

程国栋,金会军,2013.青藏高原多年冻土区地下水及其变化[J].水文地质工程地质,40(1):1-11.

除多,2018.2000—2014年西藏高原积雪覆盖时空变化[J].高原山地气象研究,36(1):27-36.

除多,杨勇,罗布坚参,等,2015.1981—2010年青藏高原积雪日数时空变化特征分析[J].冰川冻土,37(6):1461-1472.

德吉央宗,拉巴,拉巴卓玛,等,2014.基于多源卫星数据扎日南木错湖面变化和气象成因分析[J].湖泊科学,26(6):963-970.

董斯扬,薛娴,尤全刚,等,2014.近40年青藏高原湖泊面积变化遥感分析[J].湖泊科学,26(4):535-544.

杜军,胡军,张勇,等,2008.西藏植被净初级生产力对气候变化的响应[J].南京气象学院学报,31(5):738-743.

高荣,韦志刚,董文杰,2003.青藏高原土壤冻结始日和终日的年际变化[J].冰川冻土,25(1):49-54.

井哲帆,姚檀栋,王宁练,2003.普若岗日冰原表面运动特征观测研究进展[J].冰川冻土,25(3):288-290.

康尔泗,1996.高亚洲冰冻圈能量平衡特征和物质平衡变化计算研究[J].冰川冻土,18(增刊):12-22.

拉巴,格桑卓玛,拉巴卓玛,等,2016.1992—2014年普若岗日冰川和流域湖泊面积变化及原因分析[J].干旱区地理,39(4):770-776.

拉巴,拉珍,拉巴卓玛,等,2019.2000—2018年那曲市植被NDVI变化及气候变化响应[J].山地学报,37(4):499-507.

拉巴卓玛,德吉央宗,拉巴,等,2018.近40a西藏那曲当惹雍错湖泊面积变化遥感分析[J].湖泊科学,29(2):480-489.

李栋梁,王春学,2011.积雪分布及其对中国气候影响的研究进展[J].大气科学学报,34(5):627-636.

李林,边巴次仁,赵炜,等,2019.西藏喜马拉雅山脉中段冰湖变化与溃决特征分析:以桑旺错和什磨错为例[J].冰川冻土,41(5):1-10.

刘晓尘,效存德,2011.1974—2010年雅鲁藏布江源头杰玛央宗冰川及冰湖变化初步研究[J].冰川冻土,33(3):488-496.

马丽娟,秦大河,2012.1957—2009年中国台站观测的关键积雪参数时空变化特征[J].冰川冻土,34(1):1-11.

马荣华,杨桂山,段洪涛,等,2011.中国湖泊的数量、面积与空间分布[J].中国科学:地球科学,41(3):394-401.

米德生,谢自楚,冯清华,等,2002.中国冰川编目XI—恒河水系[M].西安:西安地图出版社.

蒲健辰,姚檀栋,王宁练,等,2002.普若岗日冰原及其小冰期以来的冰川变化[J].冰川冻土,24(1):88-92.

蒲健辰,姚檀栋,王宁练,等,2004.近百年来青藏高原冰川的进退变化[J].冰川冻土,26(5):517-522.

施雅风,刘时银,2000.中国冰川对 21 世纪全球变暖响应的预估[J].科学通报,45:434-438.

施雅风,刘时银,上官冬辉,等,2006.近 30 a 青藏高原气候与冰川变化中的两种特殊现象[J].气候变化研究进展,2(4):154-160.

王君波,彭萍,马庆峰,等,2010.西藏当惹雍错和扎日南木错现代湖泊基本特征[J].湖泊科学,22(4):629-632.

王苏民,窦鸿身,1998.中国湖泊志[M].北京:科学出版社.

王叶堂,何勇,侯书贵,2007.2000—2005 年青藏高原积雪时空变化分析[J].冰川冻土,29(6):855-861.

韦志刚,黄荣辉,陈文,等,2002.青藏高原地面站积雪的空间分布和年代际变化特征[J].大气科学,26(4):496-507.

徐丽娇,李栋梁,胡泽勇,2010.青藏高原积雪日数与高原季风的关系[J].高原气象,29(5):1093-1101.

闫立娟,郑绵平,魏乐军,2016.近 40 年来青藏高原湖泊变迁及其对气候变化的响应[J].地学前缘,23(4):311-323.

姚檀栋,焦克勤,章新平,等,1992.古里雅冰帽冰川学研究[J].冰川冻土,14(3):233-241

姚檀栋,刘晓东,王宁练,2000.青藏高原地区的气候变化幅度问题[J].科学通报,45(1):98-106.

姚檀栋,刘时银,蒲健辰,2004.高亚洲冰川的近期退缩及其对西北水资源的影响[J].中国科学,34(6):535-543.

姚檀栋,蒲健辰,田立德,等,2007.喜马拉雅山脉西段纳木那尼冰川正在强烈萎缩[J].冰川冻土,29(4):503-508.

姚檀栋,秦大河,沈永平,等,2013.青藏高原冰冻圈变化及其对区域水循环和生态条件的影响[J].自然杂志,35(3):179-185.

于伯华,吕昌河,吕婷婷,等,2009.青藏高原植被覆盖变化的地域分异特征[J].地理科学进展,28(6):391-397.

赵雪雁,万文玉,王伟军,2016.近 50 年气候变化对青藏高原牧草生产潜力及物候期的影响[J].中国生态农业学报,26(4):532-543.

中国气象局气候变化中心,2022.中国气候变化蓝皮书 2022[M].北京:科学出版社.

DE JONG R,DE BRUIN S,DE WIT A,et al,2011. Analysis of monotonic greening and browning trends from global NDVI time-series[J]. Remote Sensing of Environment,115(2):692-702.

KLEIN J A,HARTE J,ZHAO X Q,2004. Experimental warming causes large and rapid species loss, dampened by simulated grazing,on the Tibetan Plateau[J]. Ecology Letters,7(12):1170-1179.

LEI H,YANG D,HUANG M,2014. Impacts of climate change and vegetation dynamics on runoff in the mountainous region of the Haihe River basin in the past five decades[J]. Journal of Hydrology,511:786-799.

PENG J,LIU Z H,LIU Y H,et al,2012. Trend analysis of vegetation dynamics in Qinghai-Tibet Plateau using Hurst Exponent[J]. Ecological Indicators,14:28-39.

PETERSON T C,FOLLAND C,GRUZA G,et al,2001. Report on the activities of the working group on climate change detection and related rapporteurs(1998-2001)[R/OL]. http://eprints. soton. ac. uk/30144/1/048_wgccd. pdf.

PIAO S,WANG X,CIAIS P,2011. Changes in satellite-derived vegetation growth trend in temperate and boreal Eurasia from 1982 to 2006[J]. Global Change Biology,17(10):3228-3239.

SU Z,SHI Y F,2002. Response of monsoonal temperate glaciers to global warming since the Little Ice Age[J]. Quatern Int,97-98:123-131.

YAO T,THOMPSON L,YANG W,et al,2012. Different glacier status with atmospheric circulations in Tibetan Plateau and surroundings[J]. Nature Climate Change,2:663-667.

ZHOU L M,TUCKER C J,KAUFMANN R K,et al,2001. Variations in northern vegetation activity inferred from satellite data of vegetation index during 1981 to 1999[J]. Journal of Geophysical Research Atmoshperes,106(D17):20069-20083.